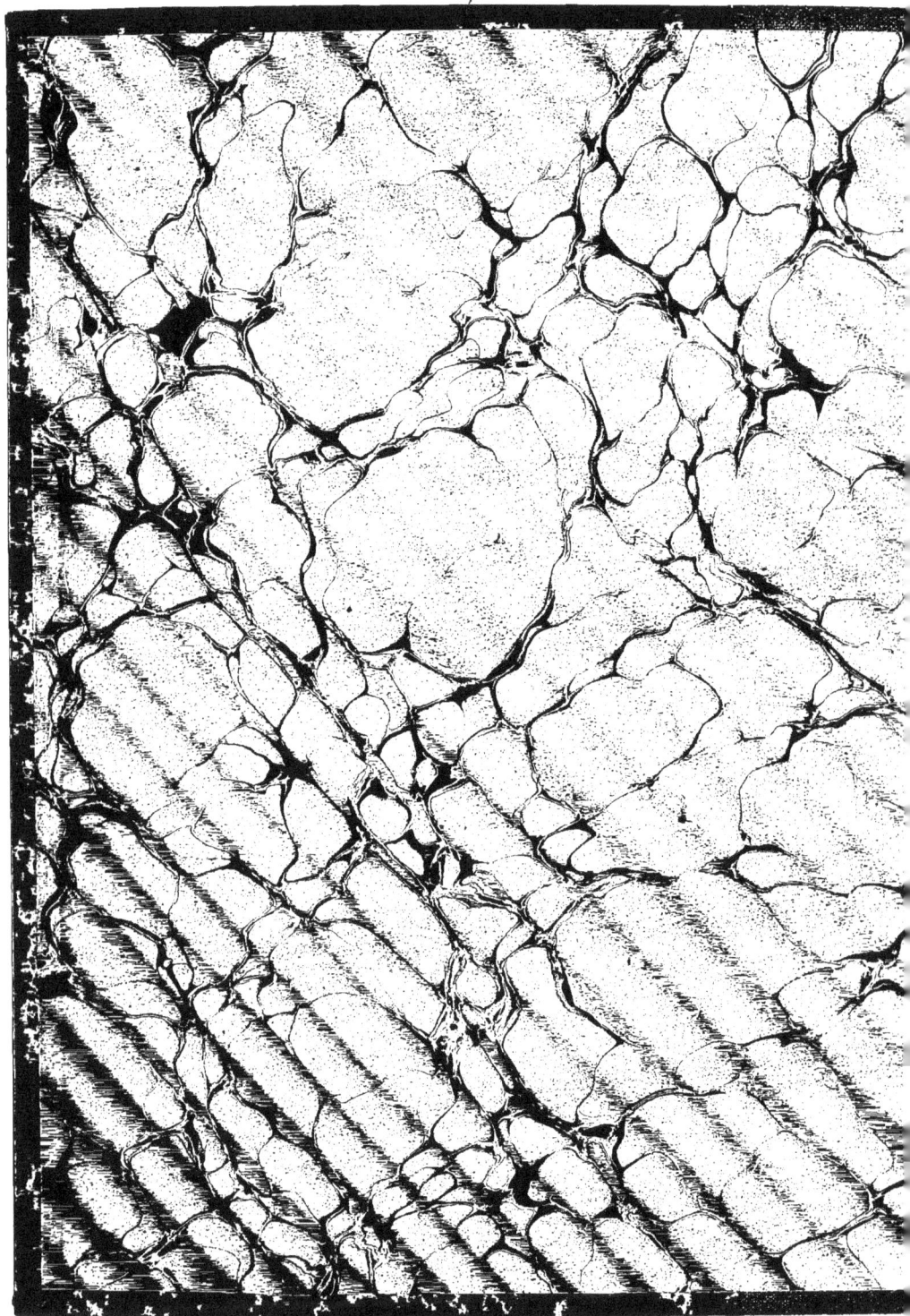

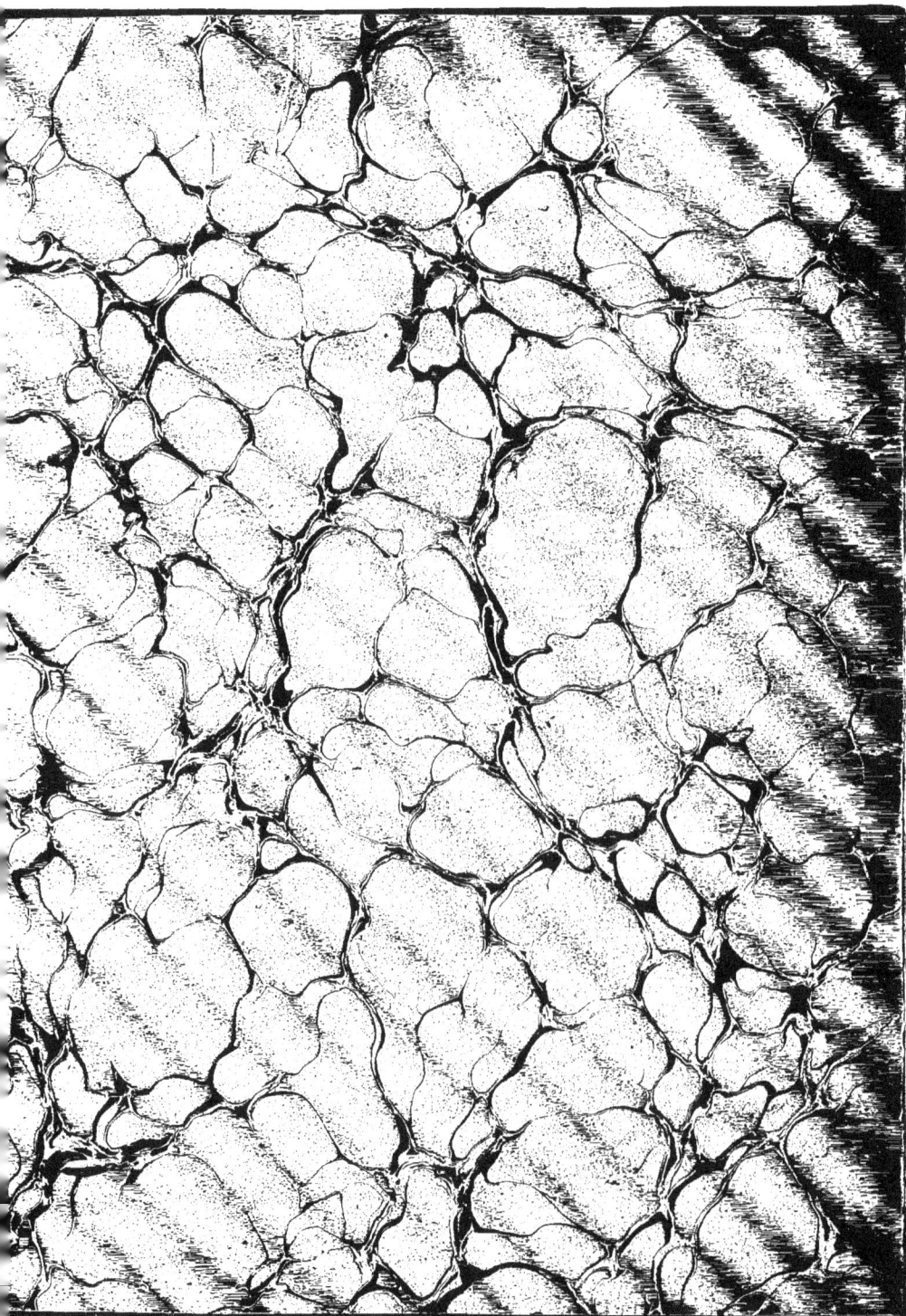

ETUDE

DES

Gisements Carbonifères

NÉO-CALÉDONIENS

MELUN

IMPRIMERIE BREVETÉE E. LEGRAND

RUE BANCEL, 23

—

1901

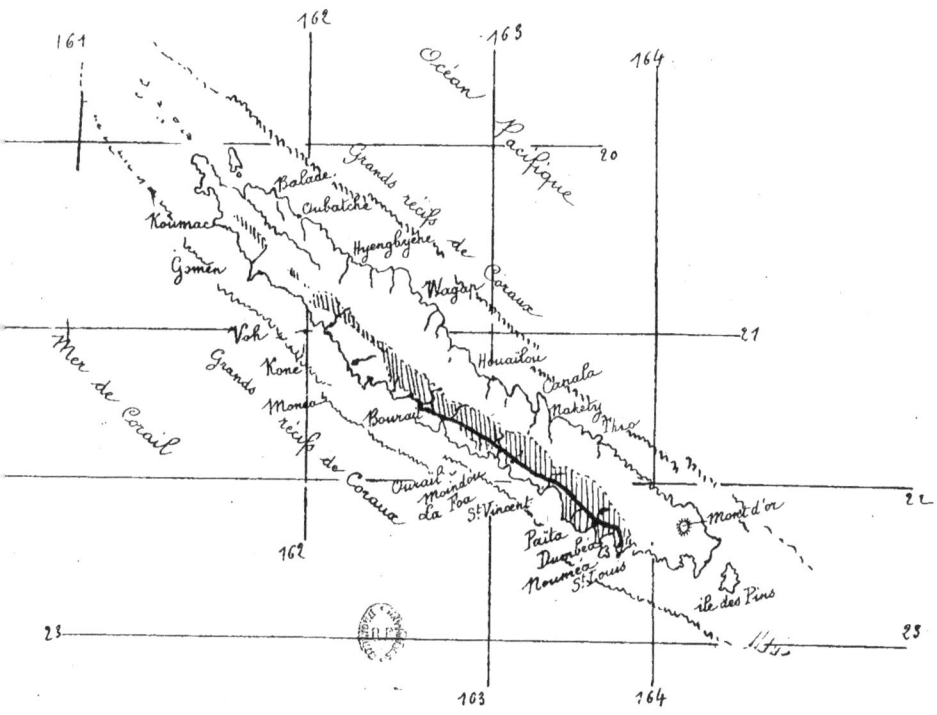

Nouvelle Caledonie

Terrain houiller

Chemin de fer en construction

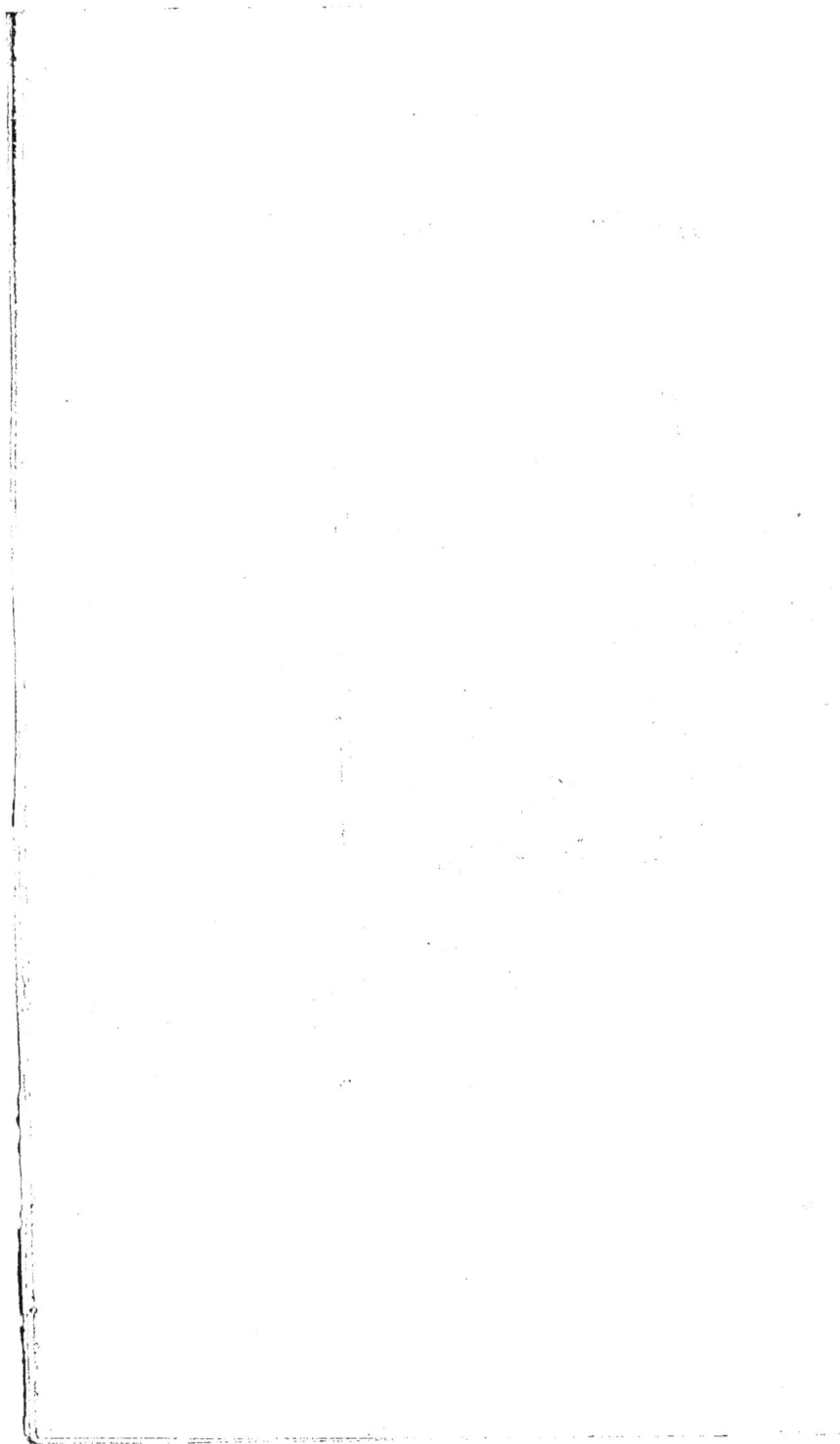

ETUDE

GISEMENTS CARBONIFÈRES

Néo-Calédoniens

Parti pour la Nouvelle-Calédonie vers la fin de 1898, j'ai dressé en quelque sorte l'inventaire des richesses de cette colonie, étudié un à un les produits naturels du sol et cherché le parti qu'on en pouvait tirer.

Ces produits non exploités sont, comme dans tous les pays neufs, multiples, mais, un entre autres, le charbon, m'a particulièrement intéressé tant au point de vue de la fréquence et de la richesse des couches que de l'étendue du bassin houiller (2,000 kilm. car.). Je me suis donc livré tout spécialement à cette étude.

Rentré en France en février 1900, je fis part de mes impressions à notre excellent et regretté concitoyen, M. Bouillet, qui en conféra avec MM. Victor Marnier, Paul Saingeon, André Marcotte, et Maurice Marnier. Lors de mon second départ de France, en août 1900, ces Messieurs, par le canal de M. Bouillet, me chargèrent d'approfondir la question et de l'étudier particulièrement au point de vue de l'exploitation industrielle de ce charbon.

Cette question avait été ébauchée bien des fois, mais n'avait jamais été étudiée à fond ; en effet, la consommation locale variant de 15 à 18,000 tonnes par an, dépassant rarement 20,000 tonnes, n'était pas suffisante pour engager un capitaliste sérieux à aventurer une grosse somme pour une consommation aussi minime, d'autant plus, qu'il y a quelques années encore, on ne voyait pas du tout ce qu'on aurait pu faire de la surproduction.

Mais, aujourd'hui, les conditions sont changées du tout au tout. Depuis le 1ᵉʳ janvier 1901, Nouméa est devenu le chef-lieu de la division navale du Pacifique, on construit actuellement une cale de halage et un bassin de radoub où les bâtiments viendront se faire réparer, au lieu d'aller, comme précédemment à Sydney, ce qui exigera, naturellement la fondation d'usines et d'ateliers de réparations, la Colonie commence la construction d'une ligne de chemin de fer qui suivra la côte de Nouméa à Bourail, soit sur un parcours de 152 kilomètres, et plusieurs lignes secondaires, partant des Vallées de la Chaîne centrale viendront se greffer sur la ligne principale pour le transport des produits miniers de l'intérieur qui, jusqu'ici sont restés inexploités par suite du manque absolu de moyens de transport.

Avec ces nouveaux facteurs, au lieu des 22,000 tonnes de consommation actuelle, on arrive, comme on le verra plus loin, un chiffre minima de 100,000 tonnes.

J'ai repris la question depuis le commencement, ne négligeant pas le plus petit fait capable de l'éclairer, les reconstituant, un à un, reconnaissant sur place les limites du bassin houiller, me fixant le mieux possible, avec les moyens primitifs dont je disposais, sur la fréquence, la direction et la correspondance des filons et c'est le résultat de ce travail que j'ai l'honneur de vous soumettre aujourd'hui.

HISTORIQUE DU CHARBON

Depuis 1846, on sait qu'il existe du charbon en Calédonie et tous les 10 ans, presque régulièrement on en a entendu parler par les efforts et les travaux précis de MM. Heurteau, Porte, Jeantet, Caulry, etc., etc.

L'opinion de ces savants, les séries d'expériences qui ont été faites publiquement sous un contrôle sérieux et offrant les meilleures garanties, les découvertes faites chaque jour, les recherches et travaux que j'ai exécutés cette année même dans les plaines des Malabars, de la Foa et de Moméa offrent, comme nous l'allons démontrer, un vaste champ à l'exploitation de la houille Calédonienne.

Le 13 août 1846, le savant père Montrouzier, écrivait : « Nous « avons trouvé à Koumac une mine de cuivre, des traces de fer et « de charbon et une source minérale. »

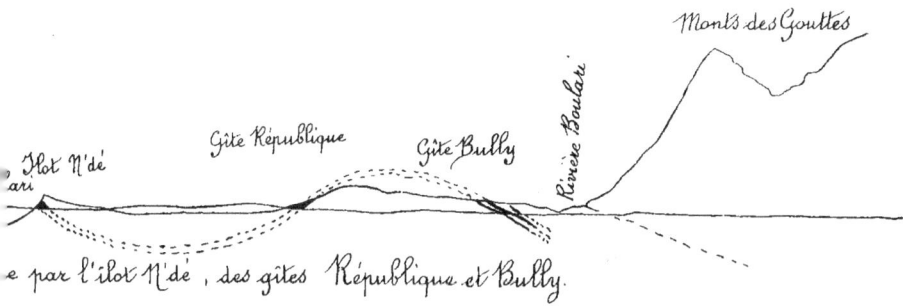

Monts des Gouttes

Gîte République   Gîte Bully

Rivière Boulari

Îlot N'dé
ari

e par l'îlot N'dé , des gîtes République et Bully.

Presqu'île de Nouméa
Pic Montravel
Portés de Fer

Pénitentier   Rade de Nouméa   Nouméa   Champ de Courses de Magenta

Coupe du gîte des Portes de Fer

En 1850, on trouvait du charbon à la surface de l'Ilôt N'dé, dans la baie de Boulari.

En 1852, le commandant de l'aviso Français *Le Prony*, fit ramasser deux tonnes environ de ce combustible, qui donna à l'essai des résultats satisfaisants.

En 1864, le savant et pessimiste Garnier, constata la présence d'affleurements aux environs de la Dumbéa et à Païta.

En 1870, la construction de la route de Saint-Vincent à Canala mit à jour des couches puissantes et régulières de houille à Saint-Vincent et à Ourail.

On trouva ensuite des affleurements sérieux au Mont-d'Or, aux Portes-de-Fer, à Yahoué, à la Dumbéa, à Païta, à Moindou, à Voh et jusqu'à Koumac.

En 1873, on découvrit de l'or dans la vallée du Diahot, le Ministre des Colonies envoya sur place un ingénieur de grand mérite, M. Heurteau, qui conclut à l'existence d'un vaste bassin houiller capable d'alimenter la Flotte.

En 1880, on découvrit à Tonghoué un beau gisement d'anthracite donnant 87,60 0/0 de carbone fixe et 7 0/0 de cendres.

En 1887, le chercheur infatigable et le chimiste consciencieux qu'était M. Porte, fit des recherches pendant plusieurs années, envoya au gouvernement local un travail très documenté et concluait ainsi :

« L'existence de nombreux gisements de charbon en Nouvelle-
« Calédonie, n'est plus douteuse aujourd'hui, malgré l'assertion
« contraire de certains esprits difficiles et naturellement enclins à
« tout nier... »

« Mais, répète-t-il, on ne saurait refuser de se rendre à l'évi-
« dence et tout fait bien augurer des recherches qui se font actuel-
« lement avec une grande activité. »

« Il est incontestable qu'il existe en Nouvelle-Calédonie de
« nombreux gisements de charbon probablement fort importants
« et d'une étendue considérable, car on a trouvé des indices sur
« la côte ouest, depuis le Mont-d'Or jusqu'à Koumac et même jus-
« qu'à la plaine de Néhoué.

« Et pour lever tous les doutes, continue-t-il, il me suffira, je
« pense d'indiquer ici sommairement les considérations sur les-
« quelles je me base pour être aussi affirmatif. »

Il rappelle les importantes déclarations du Père Montrouzier, puis :

« De plus, on connaît la grande analogie qui existe entre la « constitution de notre colonie et celle de la Nouvelle-Zélande. Les « relations les plus étroites entre ces deux pays ont été signalées « dès longtemps par MM. Clarke et de Horchstester, et à une épo- « que plus récente par M. Heurteau. Or, en Nouvelle-Zélande, se « trouvent des bassins houillers avec des couches puissantes et régu- « lières qui donnent un charbon de bonne qualité ; la production « s'est élevée pendant l'année 1883 à 421,764 tonnes, la totalité des « extractions de charbon était, au 31 décembre 1883, de 2,524,289 « tonnes (V. Handbook of Australien p. 1885.) Puisque la for- « mation de la Calédonie, sur la côte ouest appartient à la même « époque (période secondaire), il est fait à présumer que les fossi- « les étant identiques à ceux de la Nouvelle-Zélande, les mêmes « terrains et les mêmes gisements devront aussi s'y rencontrer.

« Enfin, il est une dernière considération qui vient corroborer « mon opinion à ce sujet et me confirmer dans mes espérances, c'est « la découverte faite à Ouentohoro d'huile minérale. Or les bitumes « et les pétroles (oil springs) sont très souvent en relation « avec les combustibles minéraux comme à Coulbrook- « dale, à Saint-Léon, à la Trinidad où ils prennent généralement « leur origine dans les couches de houille... »

Rappelons, en passant, que des sources d'huile minérale vien- nent d'être récemment découvertes à Koumac.

Ce n'étaient en somme que des hypothèses, mais les découver- tes de gisements se faisant de plus en plus nombreuses, le gouver- nement local institua une commission de recherches des gisements houillers. Les débuts de cette Commission ne furent pas très bril- lants, mais sous l'impulsion de M. Pelatan et de M. Caulry, elle exécuta divers travaux aux Portes-de-Fer, dans le bassin de la Nondoué et dans celui de Moindou. Ces travaux mirent à jour les couches puissantes et régulières de houille de la Nondoué, de la plaine de Païta et du gîte Loyalty.

A la suite de ces travaux, des expériences furent faites à bord des vaisseaux de l'Etat.

Le 19 janvier 1887, une expérience fut faite. On utilisa ce charbon pour le trajet aller et retour, de Nouméa au Phare Amédée (chaudière Belleville).

La conclusion du capitaine Gourdon est celle-ci :

« *Les résultats obtenus sont aussi satisfaisants que ceux donnés*
« *par les charbons de provenance australienne* ; néanmoins, une ex-
« périence de consommation avec les chaudières du *Duchaffaut*,
« permettra de répondre d'une façon plus rigoureuse aux différen-
« tes questions du programme d'essai. »

« Le Commandant du Duchaffaut,

« Signé : GOURDON. »

Le 27 du même mois, l'aviso le *Loyalty*, consomma du charbon de Caledonie pour le voyage aller et retour de Nouméa à l'Ile
des Pins.

Le lieutenant Simon conclut ainsi :

« Le charbon provenant des mines des Portes-de-Fer, a donné
« de bons résultats employé à bord du *Loyalty*, il a permis de réa-
« liser pour le programme d'essai, des notations satisfaisantes. »

« Le Commandant du Loyalty.

« Signé : SIMON. »

Un essai sérieux fut fait le 24 mars 1887 à bord du *Duchaffaut*, cette expérience donna des résultats aussi concluants qu'il
était possible de le désirer.

Voici la reproduction textuelle du rapport du commandant
Gourdon :

EXPÉRIENCE

de Charbon de la Nouvelle-Calédonie

à bord du DUCHAFFAUT, le 24 Mars 1887

Rapport de la Commission nommée par M. le capitaine de frégate GOURDON, commandant de la station locale en Nouvelle-Calédonie.

COMMANDANT,

La Commission nommée par votre ordre n° 50, en date du 19 janvier 1887, pour examiner le charbon qu'on a envoyé comme provenant de la mine Creugniet, aux Portes-de-Fer, près de Nouméa, a l'honneur de vous communiquer les résultats des différents essais qui ont été faits, en s'inspirant de la dépêche ministérielle du 2 mars 1861, à bord du *Duchaffaut* (pression 125 centimètres de mercure) et du *Loyalty* (pression 5 kilos), ainsi que dans le canot à vapeur du *Duchaffaut* (chaudière Belleville) et dans le canot *White-du-Guichen*.

Les essais du *Duchaffaut* surtout, ont été concluants, et si à cause des moyens imparfaits que l'on possède pour déterminer le pouvoir calorique et le pouvoir vaporisateur, on ne peut pas assurer l'exactitude des chiffres obtenus, on peut néanmoins affirmer que ce charbon est *très suffisant pour le service courant, et qu'il est aussi bon que le meilleur charbon que l'Australie nous envoie*, S'IL NE LUI EST PAS SUPÉRIEUR. Il a l'avantage sur le charbon australien de donner une fumée blanchâtre peu abondante.

Les réponses de la Commission aux 14 questions que pose la dépêche du 2 mars 1861, sont les suivantes :

1° Le charbon provient de la mine Creugnier, à 4 kilomètres de Nouméa, très près de la mer. Il a l'aspect d'une lignite. Ne noircit pas les doigts.

2° Il se comporte bien en couches de 12 à 15 centimètres ;

3° Allumage facile. Il ne s'éteint pas ;

4° Il se comporte bien avec le tirage naturel ;

5° Il ne dégage aucune odeur sulfureuse ;

6° Densité 118. Cohésion faible ;

7° Encrasse faiblement les grilles. Le machefer retiré, n'adhère pas aux barreaux ;

8° A besoin d'être ringardé souvent pour éviter qu'il ne s'agglutine ;

9° Il produit peu de fumée. Couleur blanchâtre ;

10° Très peu de suie. Encrassage des tubes faible ;

11° Flamme rougeâtre et assez longue sur le *Duchaffaut*, à une pression de 125 centimètres de mercure ; courte et blanche dans le canot à vapeur à une pression de 8 kilogrammes ;

Cette différence de flamme peut tenir soit à ce que la manière de chauffer n'est pas la même à bord du *Duchaffaut* que dans le canot à vapeur, la pression à obtenir étant différente, soit que le charbon n'a pas été pris à la même profondeur. Le premier employé a été celui du canot à vapeur ;

12° On peut l'employer seul.

13° Consommation par heure et par mètre carré de grille : 55 kilogrammes à une vitesse de 65 tours, d'une pression de 125 centimètres de mercure *(Duchaffaut)*, 63 kilogrammes, à une vitesse de 104 tours, 5 kilogrammes de pression. *(Loyalty)*

14° Machefer, cendres et escarbilles : 10 % du poids total sur le *Duchaffaut*, 13 % sur le *Loyalty*. Les grilles et les tubes ont été encrassés sur le *Loyalty*. L'encrassage des grilles du *Loyalty*, s'explique en raison du tirage très actif et de l'épaisseur de la couche de charbon sur la grille (18 centim. car.), nécessaire à sa marche maximum, 104 tours qu'il a donné pendant l'expérience.

Ce charbon soude très bien à la forge ; il a laissé à désirer pour les cuisines, à cause de l'insuffisance de leur tirage.

Pour s'assurer que le charbon ne contient pas de pyrite, on en a plongé 10 kilogrammes pendant 24 heures dans une baille d'eau douce.

L'eau a conservé sa couleur naturelle.

En résumé, ce charbon est bon ; il est suffisant pour le service de la flotte, et il serait à désirer qu'il fît l'objet d'une exploitation sérieuse.

Outre l'avantage militaire d'avoir du charbon chez soi, on doit espérer que le prix de revient du charbon de Calédonie sera moindre que celui du charbon d'Australie, et qu'il en résultera une économie sérieuse pour la station locale.

Les Membres de la Commission,

Signé : DE LA MOTTE, TIRARD, DUCOROY.

VU ET APPROUVÉ :

Le Commandant de la Station locale,

Signé : GOURDON.

A la suite de ces expériences et de celles faites avec succès à bord de différents paquebots et de caboteurs, il n'y avait plus de doute, le charbon calédonien était propre au chauffage des chaudières marines. La question fut reprise par l'initiative privée, certains propriétaires de mines parvinrent à intéresser le gouvernement et le Conseil général d'alors à la question du charbon.

On mit tout à la disposition des promoteurs ; on leur vota des subsides pour des recherches sérieuses ; on mit les agents techniques de l'Administration à leur disposition ; l'Administration pénitentiaire fournit gratuitement le travail de ses forçats, etc., etc.

Enfin, on pouvait espérer que les immenses richesses houillères de la Calédonie allaient être mises en valeur et changer en peu de temps la face du pays, y amener une vie intense par la création d'usines, qui, grâce au charbon, allaient enrichir sur place, les énormes gisements de nickel, de cuivre, de chrôme, de cobalt, d'anti-moine, etc.

Voici le résultat de ces recherches en ce qui concerne le bassin de la Nondoué.

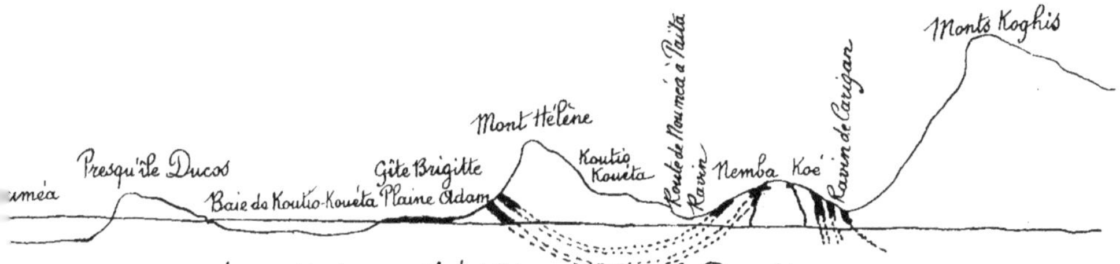

Monts Koghis
Mont Hélène
Route de Nouméa à Païta
Ravin de Carigan
Presqu'île Ducos
Gîte Brigitte
Koutio Kouéta
Nemba
Koé
Ravin
Baie de Koutio-Kouéta
Plaine Adam

Gîtes de Koutio-Kouéta et Koé (Rive gauche de la Dumbéa)

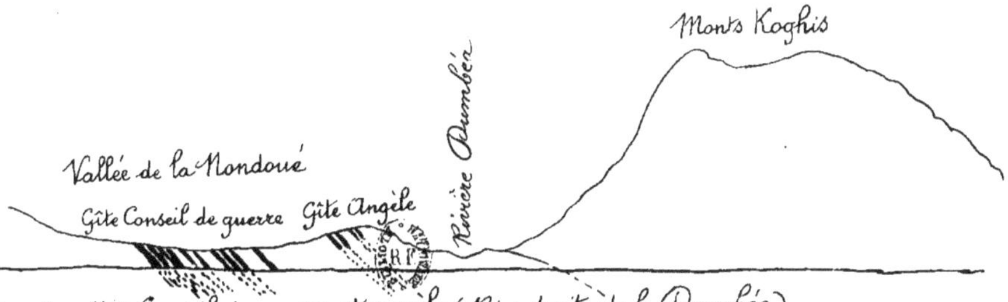

Monts Koghis
Rivière Dumbéa
Vallée de la Nondoué
Gîte Conseil de guerre
Gîte Angèle

Coupe des gîtes Conseil de guerre et angèle (Rive droite de la Dumbéa)

Terrain houiller

RAPPORT

SUR LES RECHERCHES POUR LA HOUILLE

EXÉCUTÉES

Dans les Bassins de la Nondoué et de Catiramona.

———————

Le permis de recherches de la mine Conseil de Guerre était justifié par ce fait que des affleurements importants de houille venaient d'être découverts dans les vallées de la Carignan et de la Caricouié (Païta) et surtout dans la vallée de la Nondoué (Dumbéa). Jusqu'à ce moment l'on s'était borné à constater la présence du terrain houiller sur ces points. MM. Garnier, chef du service des mines, 1866. M. Heurteau, ingénieur au corps national des mines, 1872. M. Porte, pharmacien principal de la marine, 1887. Commission de recherches des gisements houillers.

Sur l'avis du Comité des recherches, le Gouverneur accorda vingt-cinq condamnés, pour continuer les découvertes.

La nécessité de n'avoir qu'un camp pour les transportés, obligea à porter les travaux sur un point et l'on choisit la vallée de la Nandoué, dans laquelle les affleurements étaient les plus nombreux.

Les premiers travaux se portèrent sur une série d'affleurements apparaissant dans le lit de la rivière ; mais les difficultés occasionnées par les eaux, firent restreindre leur développement.

Une seconde série de recherches sur les mamelons de la rive gauche de la Nondoué, donna au point de vue surtout des limites du bassin des résultats importants.

Dans ces deux premières parties, nous avons eu à faire à des terrains très bouleversés, fait justifié d'ailleurs par le voisinage presque immédiat du soulèvement serpentineux qui forme la masse centrale de l'île. La qualité du combustible trouvé s'en est aussi ressenti par suite du mélange de la houille au schistes.

2

Pour ces faits, les travaux furent interrompus dans cette région d'autant que nous venions de découvrir de forts beaux affleurements sur la rive droite de la Nondoué, entre cette rivière et Catiramona. Nous avons trouvé là la houille dans de bonnes conditions de régularité et de qualité.

A cette époque (octobre 1891), le permis de recherches fut changé en demande en concession définitive. Vers le même temps, on demanda les concessions Cronstadt et Caroline, s'étendant de Katiramona à la Mer et de Port-Laguerre à la Dumbéa, tant à cause des découvertes faites sur le Conseil de Guerre dans le voisinage de cette région que par suite du résultat satisfaisant d'une exploration faite sur ce territoire.

Tel est l'historique rapide des recherches dans la vallée de la Nondoué. Nous allons maintenant passer en revue les travaux exécutés et signaler les résultats obtenus.

Recherches exécutées dans le lit de la Nondoué.

Couche Amiral. — Dans le lit de la Nondoué, presque à sa sortie des serpentines, nous avons trouvé un affleurement de houille mélangée assez intimement à des schistes très noirs, dans lequel se trouvent des passées de 0,10 à 0,15 de charbon sans mélange. L'ensemble du combustible donne toutefois d'assez bons résultats, il brûle à la forge avec une courte flamme et soude facilement les petites pièces.

La couche a une puissance de 2,80 ; sa direction est Nord, 50°, Est, son pendage Ouest, sur l'affleurement il est difficile d'en déterminer exactement l'inclinaison.

En même temps, l'on trouvait sur le manchon surplombant, la rivière et à 25 mètres environ, un autre affleurement (affleurement Sarlin), d'une puissance de 1,10, dans les mêmes conditions de composition que le précédent.

Nous avons jugé utile, à ce moment, pour nous rendre compte de l'allure des terrains de percer, à partir de l'affleurement Amiral un travers banc jusqu'au point de rencontre avec cette couche.

Cette galerie a été menée jusqu'à 34 mètres, presque toujours dans des grès assez tendres ; elle rencontré à 4 mètres, à 7 mètres et à 29 mètres des passées de schistes noirs très chargés en houille. Les terrains traversés sont très bouleversés.

En même temps on fonçait un petit puits sur la couche Sarlin ; il a été arrêté à 8 mètres, la couche allant en diminuant progressivement pour arriver à **une puissance de 0,25** environ et correspondant à la passée schisteuse rencontrée à 29 mètres dans le travers-banc.

En présence du bouleversement constaté dans le schaft et dans la galerie, les travaux furent suspendus.

En descendant la rivière à 20 mètres de la couche Amiral, on trouve un petit affleurement de 0,60, mélangé à des schistes noirs, plus loin, à 40 mètres environ, un autre d'une puissance de 0,90. Direction Nord, 56°, Ouest, puis trois ou quatre autres semblables

Couche Salouet. — Sur la rive gauche de la rivière, nous avons trouvé un affleurement très beau de charbon mélangé à des schistes noirs ; la qualité du combustible est supérieure à la qualité de celui de la couche Amiral.

La couche a une puissance d'environ cinq mètres entre toit et mur de grès, ce dernier est très net et très dur.

Sa direction est Nord, 55° Est, son pendage vers l'Ouest, il est ici aussi difficile de donner l'inclinaison, l'affleurement n'étant séparé de la surface que par 1,50 à 2 mètres de terre végétale.

Un léger mamelon se trouvant au-dessus de la couche, nous avons pris au niveau de la rivière une galerie en direction pour étudier le gisement, alors que l'épaisseur de terrain mort le séparant de la surface augmenterait.

La galerie a atteint une longueur de 54 mètres, elle a été très mouvementée dans sa direction ; la couche elle-même se présente en ondulations à la surface de séparation avec la terre végétale, au point que par instant elle disparaît de la galerie. Dans les derniers mètres, la régularité reparaît un peu, la couche se présente entière, le charbon beaucoup plus pur est un excellent charbon de forge, collant et soudant remarquablement.

En descendant la rivière, nous devons signaler les affleurements suivants :

1° Affleurement Jeanne. Petite couche de 0,70, presque verticale, houille mélangée de schistes.

2° Affleurement de la Baignoire. Couche de 0,15, charbon beaucoup plus propre que le précédent ; direction Nord-Sud, pendage vertical ;

Affleurements Simonin. Sur ce point, nous nous sommes trouvés en face de quatre couches fort puissantes que nous avons mis à jour par un simple décapelage.

La première en descendant la rivière a été ouverte sur une longueur de 4 mètres sans que nous ayons obtenu les épontes. Direction Nord, 32° **Ouest.**

La deuxième qui a une puissance de 2 m. 10, est séparée de la précédente par 4 m. 20 de terrain mort.

La troisième, puissance, 1 m. 30. Direction Nord, 60° Est, pendage à l'Ouest, est séparée de la deuxième par une distance de 8 mètres.

La quatrième, puissance, 3 m. 80, direction Nord, 25° Est, pendage à l'Ouest, inclinaison environ 70°, se trouve à 6 mètres de la troisième.

Dans toutes ces couches, la houille est mélangée à des schistes très noirs : l'ensemble donne un combustible passable.

Recherches exécutées sur la rive gauche de la Nondoué.

A la suite des découvertes faites le long de la rivière, nous avons entrepris une série de travaux sur les mamelons de la rive gauche, comptant dans le cas de découvertes sérieuses, pouvoir prendre un travers-banc au pied des mamelons pour atteindre les couches en profondeur : la main-d'œuvre dont nous pouvions disposer ne nous permettant pas de foncer un puits.

Sur un mamelon à 600 mètres environ du camp, nous avons, sur quelques indices ouvert une grande tranchée qui a atteint environ 15 mètres de long sur 10 mètres de hauteur verticale, et a mis à découvert à sa partie supérieure une couche presque horizontale d'une puissance moyenne de 0,90, nettement séparée des terrains encaissants ; 2° au mur de la précédente, une couche de 0,70 cent. de puissance, direction Nord, pendage à l'Ouest. L'intervalle entre ces deux couches est rempli des passées très nombreuses traversant le terrain en tous sens. Le combustible est un mélange de charbon et de schistes très noirs. Les terrains sont très bouleversés.

Une série de petites tranchées ont ensuite été faites sur les mamelons en s'éloignant du camp et marchant vers le sud, elles ont donné un combustible analogue à celui dont je viens de parler.

Je citerai un affleurement d'une puissance de 0 m. 90, trouvé au col séparant le bassin de la Nondoué de celui d'un de ses petits affluents de la forêt Noire.

A côté l'on a ouvert une tranchée qui a mis a jour trois passées de 0 m. 60 à 1 m. 10 de puissance, pendage vertical, direction Nord.

Deux grands décapelages un peu plus loin ont découvert trois ou quatre petites couches de houille mélangée à beaucoup de schistes. Terrains très bouleversés.

Toujours en s'éloignant et gagnant vers les marais, nous avons dans une tranchée découvert une couche d une puissance variant de 0 m. 80 à 2 mètres. Direction Nord, 40° Est, pendage vers l'Ouest, inclinaison 20°, elle devient presque verticale dans le pied. Le charbon est très impur et brûle difficilement.

Une seconde tranchée a découvert une couche de 2 m. 50 à 3 mètres très schisteuse, signalée seulement pour noter sa direction Nord 50° Est, inclinaison vers l'Ouest.

Enfin, à côté de l'affluent de la Nondoué qui vient de la forêt Noire, nous avons ouvert deux tranchées partant d'un même point ; la première direction Nord-Sud ; la deuxième sensiblement perpendiculaire.

Dans la première, nous avons trouvé une couche de 5 mètres de puissance composée de charbon mélangé de schistes, dans laquelle on trouve des passées de houille très pure. La direction parait Est-Ouest. Les terrains sont très bouleversés. On a amorcé une galerie en direction qui a été arrêtée à cinq mètres sur une faille.

Dans la deuxième tranchée passe une couche de 0 m. 90 de puissance. Direction Nord, pendage Ouest, inclinaison 0 m. 70, elle correspond à une couche qui, dans la première tranchée, est située au toit de celle que nous avons décrite. La houille est analogue à la précédente.

Deux autres décapelages voisins ont mis à découvert deux couches de 2 mètres de puissance, mal définies.

Les travaux ont été interrompus sur ce point par suite de la découverte des affleurements situés sur la rive droite et dont nous allons parler.

En somme, dans toute la région dont nous venons de nous occuper, on constate la présence de la houille en grande quantité, quelquefois très pure comme dans le front de la galerie Salonet, brûlant assez bien, quoique mélangée aux schistes ; mais partout les terrains sont bouleversés surtout sur les mamelons et vers les couches Georgette qui sont plus rapprochées des serpentines.

Recherches exécutées sur la rive droite de la Nondoué.

Comme je l'ai dit, la troisième série des recherches a été faite sur la rive droite de la Nondoué. Dans cette région, nous avons trouvé des terrains réguliers et des couches de houille nette et exempte de schistes.

En s'éloignant du camp et en suivant le sentier qui va vers les mamelons Maurice, nous avons relevé cinq affleurements dont la puissance varie de 0 m. 05 à 0 m. 30. Le charbon est beau. Le seul pour lequel il était intéressant de le noter nous a donné comme direction Nord 25 Est, pendage à l'Ouest.

Plus loin, nous avons fait ouvrir sur quelques indices schisteux mélangés de houille, une tranchée qui a mis à jour une très belle couche d'une puissance de 2 m. 60, direction Nord 36° Ouest, pendage N.-E.; inclinaison 45° environ sur l'affleurement. Le mur et le toit sont composés de grès délités probablement à cause du voisinage de la surface. Cette couche porte le nom de couche Desmazures.

En remontant le lit d'un petit affluent rive gauche d'un ruisseau affluent lui-même de la Nondoué, nous avons découvert quatre belles couches (région dite des Fougères).

1° Une couche de trois mètres de puissance composée comme suit : à l'Ouest une tranchée de 1 mètre de houille absolument pure, puis un banc de 2 mètres de schistes fortement imprégnés de houille et brûlant facilement à la forge. La direction est Nord, 48° Ouest, pendage vertical, toit et mur en grès délités tendre (couche Claire).

Presque en face de l'autre côté du ravin une couche d'une puissance de 1 m. 80, direction Nord, 5° Ouest, pendage vertical, le charbon est net et de bonne qualité, toit et mur en grès (couche Claire, n° 2).

2° Légèrement au-dessus du ruisseau, sur la rive gauche, une tranchée a mis à jour une couche de houille nette d'une puissance de 0 m. 80 avec un mur de schistes noirs traversé de vénules de charbon. Direction Nord 68° Est, pendage N.-N.-O. Inclinaison environ 45°. Cette couche porte le nom de couche « Hippolyte. »

Au point découvert elle présente une faille d'une épaisseur de 0 m. 02 qui a rejeté la couche de 0 m. 70, conformément à la règle de Schmidt.

3° En continuant à remonter l'affluent un décapelage dans le lit du ruisseau a découvert une couche d'une puissance de 3 m. 50, composée comme suit : Au toit une couche de houille très nette de 0 m. 70, puis 2 m. 80 de schistes noirs riches en houille parsemés de grains de charbon très brillants. Direction Nord 11° Ouest, pendage Ouest, inclinaison environ 45° (Couche Mathilde.)

4° Enfin, à quelques mètres plus haut se trouve une couche de 7 mètres de puissance comprenant deux couches de houille très pure l'une de 0 m. 70, l'autre de 1 m. 20, séparées par des schistes noirs que l'on retrouve au toit et au mur, schistes mélangés de houille en grande quantité et donnant un combustible très passable. Direction Nord 69 Ouest, pendage Est. (Couche Lafond.)

En remontant l'affluent direct de la Nondoué, on arrive à la région dite des Cerisiers.

On trouve : 1° un banc de houille schisteuse, puissance 0 m. 80. Direction Nord 55° Ouest, pendage Est.

Plus loin, l'on rencontre deux couches séparées de un mètre environ.

La première (couche Sabatier), se présente sous l'aspect horizontal d'une couche de schistes très charbonneux, d'une puissante de 0 m. 80, sous laquelle se trouve une couche de houille très nette et fort belle d'une puissance encore mal définie à cause de la gêne causée par les eaux, mais qui est de 1 m. 80 au moins.

La seconde (couche Bouillé) a une puissance de 1 m. 20, contenant de petites passées schisteuses nettement séparées, la puissance utile est de 0 m. 90, direction Nord 32° Ouest, pendage presque vertical, légèrement vers l'Ouest.

En revenant au sentier et continuant à nous éloigner du camp nous arrivons au groupe du Mamelon Maurice.

En s'avançant sur les premiers mamelons qui vont vers Katiramona et au milieu de bancs de grès très réguliers, nous avons sur deux affleurements de schistes noirs ouvert une petite carrière qui a mis à jour quatre couches. (Couches Catherine), à allure bien établie : en commençant par le toit, elles ont réciproquement 0,40 - - 0,40 --0,55 -- 0,65 et sont séparées par des bancs de grès de 0,90 -- 0,85 — 0,10.

La couche 1 probablement à cause de son voisinage de la surface contient sur ce point quelque peu de schistes, mais fort peu.

La deuxième est absolument nette et sans mélange.

La troisième et la quatrième sont analogues à la première.

Ces couches ont une direction Nord, 27° Ouest, pendage vers l'Ouest, inclinaison environ 70°.

En présence de cet ensemble très régulier, nous avons fait commencer un travers-banc à environ 40 mètres plus bas au pied du mamelon.

Cette galerie a environ 35 mètres, elle est en entier dans les grès très réguliers sauf de très légères passées schisteuses à 24 m. 60, 26 m., 28 m. et une de 0 m. 50 à 30 m. 80, et enfin à 34 mètres une couche de houille de 0 m. 70 qui n'est autre que celle dont nous allons parler.

Pendant que l'on poursuivait ce travail nous avons découvert à gauche du travers-banc une couche de houille (couche Maurice), d'une puissance de 50 à 0 m. 70. Dans ce dernier cas il se trouve au milieu une passée schisteuse de 0 m. 15 à 0 m. 20. La direction est Nord 39° Ouest, pendage vers l'Ouest, inclinaison 45° environ.

Nous avons commencé dans la couche une galerie en direction qui a actuellement 26 mètres. La couche s'est maintenue très régulière. A cette distance de la surface 25 mètres environ, la houille devient très pure, à grains clairs, et ne contient que 7 0/0 de cendre.

Comme je l'ai signalé cette couche a été recoupée par le travers-banc.

Pendant que l'on travaillait à la galerie en direction dans la couche Maurice et au travers-banc nous avons au moyen de décapelages et de petites tranchées fait une série de découvertes qui connues plus tôt eussent probablement fait modifier l'emplacement de ce dernier ouvrage qui eût alors pu recouper sans augmenter beaucoup de longueur la plus grande partie des couches que nous allons signaler, toutes situées entre le ruisseau des Cerisiers et le mamelon Maurice. Ce sont en venant vers le travers-banc :

1° Couche sans nom.

Direction Nord, 83°30 Est, inclinaison Nord, puissance variant de 0 m. 30 à l'affleurement à 1 mètre à une profondeur de 1 m. 80. A ce point la couche est toute entière en charbon. Epontes en grès délités.

2° Couche Adrien Peysson.

Direction Nord 61°30, Ouest, inclinaison Nord-Nord Est, pendage 70°, puissance 1,75 composée comme suit : au toit houille 0 m. 25, schistes gris 0 m. 25, houille 0 m. 70, schistes 0 m. 05, houille 0 m. 50, la dernière bande de schistes de 0 m. 05 disparaît dans le pied. La puissance utile est donc de 1 m. 45.

3° Couche Constant Caulry.

Direction Nord, 62° Est, pendage Nord-Nord Ouest, inclinaison 45°. Le gisement se compose : au toit, d'une couche de houille de 1 m. 20, puis d'un banc de grès de 0 m. 60 et enfin au mur d'une couche de houille de 1 m. 10.

4° Couche Pierre Sauvan.

Direction Nord, 58° Ouest, pendage vertical puissance 2 m. 60, composée comme suit : au Nord, houille 0 m. 25, schistes 0 m. 75, houille 1 m. 60 ; épontes en grès délités.

5° Dans une tranchée immédiatement au-dessus :
Couche Eugénie.

Direction Nord, 7° Ouest, pendage Ouest, inclinaison 70°, puissance 1 m. 20 de houille nette, épontes grès.

6° Couche Adrienne.

Petite couche à 1 m. 10 au mur de la précédente, puissance 0 m. 50, légèrement schisteuse, même direction et inclinaison que la précédente.

7° Couche Anna.

A 2 m. 50 au mur de la précédente. Direction Nord 7° Ouest, pendage Ouest, inclinaison 80°, puissance totale 1 m. 30 composée comme suit : au toit houille 0 m. 15, schistes 0 m. 50, houille 0 m. 65 ; toit en grès, schistes noirs au mur sur un banc de grès.

Sur la plate-forme du travers-banc.

8° Couche Tabou.

Direction Nord-Sud, inclinaison Ouest, pendage 45°, puissance 1 m. 90, couche non explorée, puissance 1 m. 90 en schistes très riches sur l'affleurement.

3

9° Couche Flore.

De l'autre côté du ravin.

Direction Est-Ouest, pendage Sud, inclinaison sur l'affleurement, qui est découvert sur une dizaine de mètres, variable de 0 m. 45 à 0 m. 70, puissance en houille 1 m. 10, au mur schistes, fort riches.

10° Plus haut dans le ravin :

Couche Ernestine.

Direction Nord, 32° Ouest, pendage Ouest, puissance 0 m. 90 de houille nette.

11° Couche Cabanel.

Au Nord de la couche Flore encore mal définie, le charbon extrait est de belle qualité.

Sur le contrefort en arrière des couches Catherine, les recherches nous ont permis de trouver par simple décapelage trois couches, variant de 0 m. 20 à 0 m. 60, mais le combustible n'est pas aussi beau que celui des gisements précédents.

Plus loin dans une tranchée, l'on a trouvé une couche de 1 m. 60 légèrement schisteuse. Direction Nord, 13° Ouest, pendage Est, inclinaison 10°, les dernières découvertes sont citées pour mémoire et simplement pour marquer la continuation du bassin dans ce sens.

Je dois parler encore du travail en cours qui se fait du côté de Katiramona. Six couches ont été découvertes, donnant de la houille nette, dans des terrains suffisamment réguliers, mais les résultats ne sont pas encore suffisamment clairs et précis pour en parler en détail.

En résumé :

La régularité générale me paraît établie, en effet si l'on veut bien tenir compte des variations dues à ce fait que nous n'avons pu nous renseigner que sur des affleurements où direction et pendage sont soumis à bien des écarts, on voit que la direction varie entre Nord-Nord Est et Nord-Nord Ouest et que dans la généralité des cas le pendage se fait à l'Ouest.

La quantité de houille absolument nette, dès maintenant, sans tenir compte des schistes très riches en houille qui se trouvent mélangés aux affleurements, est plus que suffisante pour justifier une exploitation qui ne pourra en profondeur que bénéficier de la trans-firmation desdits schistes. En effet, dès maintenant nous relevons les puissances suivantes en charbon.

Région des Fougères, 6 m 20	Claire n° 1	1.00
	Claire n° 2	1.80
	Hippolyte	0.80
	Mathilde	0.70
	Lafond	1.90
Région des Cerisiers, 2 m 70	Sabatier	1.80
	Bouillé	0.90
Groupe Maurice, 11 m 60	Catherine	0.40
	Maurice	0.60
	Sans-Nom	1.00
	Adrien-Peysson	1.45
	Constant-Caulry	2.30
	Pierre-Sauvan	1.85
	Eugénie	1.20
	Anna	0.80
	Flore	1.10
	Ernestine	0.90
		20.50

Soit une puissance totale de vingt mètres cinquante, *en éliminant comme on peut le voir tout ce qui n'est pas* **houille absolument pure**.

La qualité est bonne, nous avons fait de nombreux essais à la forge et au foyer, nous avons toujours obtenu des résultats permettant de classer nos charbons au-dessus de ceux d'Australie.

On peut conclure, en somme, que l'on a enfin trouvé en Nouvelle-Calédonie un bassin houiller important réunissant toutes les qualités nécessaires à une bonne exploitation.

A la suite de ces résultats, M. le Gouverneur Feillet, mit à la disposition de M. Caulry de nouvelles équipes de forçats pour mettre les mines de la vallée de Nondoué en exploitation. Les travaux furent poussés avec activité, les résultats étaient de plus en plus satisfaisants ; on avait déjà extrait 200 tonnes de houille ; lorsqu'une dénonciation mensongère, envoyée par on n'a jamais su quel personnage parvint au Ministre ; les forçats y étaient dépeints comme étant au service de quelques particuliers, employés à la construction de châteaux privés ; on criait à l'abus, au scandale, etc., etc.

Au reçu de cette dénonciation, le ministre, sans se donner la peine de se rendre compte, si elle était plus ou moins bien fondée, câbla l'ordre de réintégrer immédiatement les forçats au bagne, et, malgré toutes les observations qu'on put présenter à ce sujet, cette décision ne fut pas rapportée.

Cette fois, la question était enterrée, les promoteurs ne disposant pas de fonds suffisants pour continuer à leurs frais, les essais sur le pied sur lequel ils étaient entrepris.

Les travaux arrêtés ne furent jamais repris.

Nous donnons ci-après le rapport de M. Caulry, sur les charbons de la vallée de Nondoué. Il est nécessaire avant de présenter cet éminent ingénieur :

M. Constant Caulry est sorti avec le n° 3 de l'Ecole des Mines de Saint-Etienne et breveté de 1re classe, il s'est fait de la houille une spécialité, a fait preuve d'un grand savoir et d'une habileté professionnelle peu commune aux mines de la Haute-Loire qu'il a dirigées jusqu'en 1870.

De 1871 à 1877, il fut Ingénieur, puis Directeur de l'Usine Hurel et Cie à Gisors. Les qualités maîtresses dont il a fait preuve dans ces divers postes, l'ont naturellement désigné pour la mission délicate et particulièrement lourde de responsabilité d'établir et de faire fonctionner les hauts fourneaux du *Nickel*, à Thio. Il mena son œuvre à bien et dirigea ces établissements pendant 7 ans.

M. Caulry habite donc la Nouvelle-Calédonie depuis 1877.

Il aime avec passion son métier d'ingénieur et professe un grand attachement pour notre belle colonie du Pacifique qu'il a fouillée et parcourue dans tous les sens, le cuivre, surtout a été de sa part l'objet de recherches spéciales et il connaît à fond la contrée des micaschistes qui n'a plus de secrets pour lui et dans laquelle il lit à livre ouvert.

Inutile d'affirmer que M. Caulry fait autorité dans toutes les questions métallurgiques et minières tant en Calédonie qu'en France.

Nous n'étonnerons personne en disant que en 1894, lorsque les bruits de guerre prenaient une certaine consistance, M. Caulry

Bassin de Païta

Plaine des Cailloux

charbon   Schistes gris   Charbon   Schistes noirs   Lit de la rivière Carignan

proposa au Ministre de la Marine, M. Lockroy, d'approvisionner de charbon la division navale du Pacifique. Il ne demandait simplement que des travailleurs. Nous savons que les évènements n'ont pas permis de profiter de ces offres patriotiques.

M. Caulry est chevalier de la Légion d'honneur, président du Conseil général de Calédonie et du Comité consultatif des mines.

Concession houillère CONSEIL DE GUERRE
à DUMBÉA-PAITA (Nouvelle-Calédonie)

La concession Conseil de Guerre, d'une superficie de 1,291 hectares, est située sur les périmètres des deux communes de Dumbéa et Païta ; la partie véritablement riche de la concession se trouve sur la rive gauche de la rivière Nondoué, a une distance d'environ 25 kilomètres de Nouméa, et à 8 kilomètres, seulement, de la partie navigable par chalands de la rivière de Dumbéa (à noter que la rivière Dumbéa se jette dans la baie de Gadgi où il y a excellent mouillage pour les plus gros bateaux, la baie de Gadgi peut être considérée comme dépendance du port de Nouméa.)

Recherches. --- Des travaux de recherches importants ont été faits à deux fois différentes sur cette mine, dont la conséquence des gîtes et la situation favorable, n'ont pas échappé aux gouverneurs, Noël Pardon et Paul Feillet.

Ces administrateurs ont été frappés de la puissance et du nombre d'affleurements des couches de houille que renferme la concession, et il n'a pas dépendu d'eux que la question du charbon ne fasse un grand pas en Nouvelle-Calédonie.

Tous deux, en effet dans la mesure de leurs pouvoirs ont aidé aux travaux de recherches, en mettant à la disposition des concessionnai- sur la rive gauche de la rivière Nondoué, à une distance d'environ l'administration pénitentiaire de Paris sont intervenus pour la suppression de cette main-d'œuvre sans laquelle les intéressés, faute de moyens pécuniaires suffisants, ne pouvaient continuer les travaux. C'est pour cette raison, et pour cette raison seule, que les recherches ont été abandonnées et que pour son combustible, la Calédonie est encore aujourd'hui tributaire de sa voisine l'Australie.

Dans la première période, à la découverte de la mine, en 1891-1892, on fit plutôt des travaux de surface destinés à découvrir les affleurements. Les premiers essais tentés sur la rive gauche du bras le plus important de la Nondoué, furent pratiqués dans des parties trop voisines du soulèvement serpentineux, et l'irrégularité des gisements fit abandonner au moins provisoirement cette partie de la concession.

Toutes les forces, elles étaient d'ailleurs bien restreintes (15 hommes), furent déplacées et transportées sur le deuxième bras de la Nondoué où bientôt tout l'intérêt se concentra.

Dans l'espace de quelques mois, trois faisceaux de couches de charbon étaient découverts, dix-sept couches de houille étaient mises à jour et présentaient une épaisseur totale de combustible pur de plus de vingt mètres.

On avait, en effet :

Groupe des Fougères, épaisseur de houille pure......	6 m.	20
Groupe des Cerisiers, épaisseur de houille pure...	2	70
Groupe Maurice, épaisseur de houille pure.........	11	60
	20 m.	50

Un quatrième groupe, dit le « Catiramona » venait d'être mis à jour lorsque pour satisfaire aux contrats de main-d'œuvre dont le bénéficiaire était la Société « Le Nickel, » le gouverneur, M. Picquié, reçut l'ordre de retirer les condamnés employés aux recherches de la « Nondoué. »

En 1895, le gouverneur actuel, M. P. Feillet, eut l'occasion de passer sur la mine, il fut tellement frappé de l'aspect des afficurements, qu'il prit sur lui d'accorder à nouveau la main-d'œuvre pénale pour faciliter les travaux de recherches qu'il fallait alors diriger en profondeur.

Dans une tournée d'inspection des troupes de Calédonie, le général Dodds visita la mine, descendit dans les travaux et fit un compte rendu de sa visite si favorable, que pendant quelque temps les bureaux du pavillon de Flore, ne jugèrent pas à propos de changer l'ordre établi. Ils ne se tinrent pas longtemps pour battus et un beau jour un câblogramme donna ordre d'enlever dans les 48 heures le personnel des recherches houillères.

La chose se fit si brutalement qu'à mon retour d'une exploration de huit jours dans l'intérieur de l'Ile, je trouvai la mine de charbon déserte, les travaux noyés ; la pompe engagée et tout le travail compromis.

Je n'avais ni le temps ni les moyens nécessaires pour la remise en état qui eût permis l'entretien à peu de frais, et je renonçais pour la deuxième fois à pousser plus loin mes investigations.

Les travaux exécutés dans la deuxième période ont consisté en 8 kilomètres de route pour le transport des charbons et le ravitaillement des travailleurs ; dans le creusement d'un puits de section rectangulaire de 2,50 × 1,40 dans 35 mètres de galeries à travers-bancs destinées à recouper les couches et dans 70 mètres environ de galerie en direction dans une des couches.

On a extrait environ deux cents tonnes de houille d'excellente qualité dont une partie a servi à de nombreux essais, et dont l'autre a été utilisée à produire la vapeur nécessaire au fonctionnement de la pompe d'épuisement installée au niveau de 25 mètres, légèrement inférieur à celui des galeries dont il a été question plus haut.

On a érigé aussi une maison pour les surveillants, et un bâtiment pouvant loger cinquante ouvriers condamnés.

Dans cette deuxième période, le but était de démontrer rapidement, assez de régularité dans les gîtes, et de produire un peu de charbon pour indemniser l'administration pénitentiaire de sa main-d'œuvre, c'est pour cela que dès que le puits eût atteint 25 mètres de profondeur, on perça aussitôt les travers-bancs à droite et à gauche pour recouper les couches et s'assurer de leur plongement régulier.

Le travers-banc de gauche conduit sur 20 m., a rencontré trois couches, celui de droite qui a 15 mètres en a recoupé deux ; il y a régularité démontrée dans le plongement.

Une des couches rencontrée à gauche fut seule suivie en direction sur 70 mètres, sa puissance moyenne est de 1 m. 20, sur cette longueur, on n'a rencontré aucun accident.

Dans ces conditions, on avait décidé de foncer le puits jusqu'à cinquante mètres et de créer un petit étage d'exploitation, le fonçage était recommencé lorsque le câblogramme ministériel vint clore de si belles espérances.

En résumé, les recherches de la première période ont affirmé l'existence de nombreuses couches de charbon, celles de la deuxième ont démontré que l'on a affaire à des couches très fortement inclinées au moins dans le voisinage de la surface, elles ont prouvé de plus une régularité très sérieuse des couches en direction.

Il reste maintenant à explorer en profondeur et à s'assurer que des troubles n'interviennent pas d'une façon trop sensible dans les directions.

Considérations économiques.

L'entrée libre des charbons d'Australie étant admise en principe, la houille Calédonienne aura toujours à son avantage que le fret d'Australie en Calédonie est relativement élevé (10 à 12 fr. 50), par tonne de 1,015 kilogrammes.

Le charbon tout venant vaut en Australie 12 à 13 shillings la tonne, son revient mis en magasin à Nouméa est d'environ 30 fr. et il est vendu dans le commerce de 35 à 45 fr. la tonne, suivant quantités.

Le prix de revient du charbon de la Nondoué variera de 12 à 15 fr.; on aura 2 fr. 50 de transport par le chemin de fer qui va passer sur la mine, ce qui le mettra à 15 à 18 francs au chef-lieu.

Consommation. — La consommation de charbon en Nouvelle-Calédonie a été jusqu'ici plutôt restreinte, elle n'a atteint un chiffre sérieux qu'au moment où fonctionnaient les hauts fourneaux à nickel de la Pointe-Chaleix, c'est-à-dire de 1878 à 1883.

Depuis 1883, la colonie n'a pas dépensé en charbon plus de 30 à 40,000 tonnes par année en moyenne, ce charbon a été employé par les bateaux côtiers et par ceux de la flotte insignifiante qui a existé à Nouméa depuis cette époque jusqu'en 1900.

A l'heure actuelle, la flotte va être considérablement renforcée, et sans aucun doute la division navale du Pacifique va avoir son siège à Nouméa, au lieu de rester à Tahiti.

Une forme de radoub va être construite.

Il est hors de doute pour les esprits sérieux, que le traitement du minerai de nickel va se faire sur place, au moins pour la première opération métallurgique, si les industriels qui s'occupent de nickel veulent maintenir leur situation prépondérante.

Le chemin de fer en construction de Nouméa à Bourail, qui va passer au pied des installations de la mine Conseil de Guerre, sera un consommateur sérieux.

4

Les vapeurs côtiers augmentent tous les jours et consomment davantage.

On peut sans exagération tabler à courte échéance sur une consommation de 100,000 tonnes et peut-être plus, il y a là, les éléments suffisants pour le bon fonctionnement d'une Société houillère.

Qualité du Charbon.

Le charbon de la mine Conseil de Guerre, a fait ses preuves, de nombreux essais ont été faits à bord des chaloupes à vapeur de l'administration pénitentiaire en 1897, et sous les chaudières des ateliers de la Flottille de cette administration ; les conclusions du chef de service M. Burnichon, dont on peut retrouver les rapports au Ministère, ont été que le charbon de la Nondoué est supérieur aux charbons de Newcastle et de Woolongony et que de plus il avait l'avantage très précieux pour une flotte de donner très peu de fumée.

Des expériences faites en Calédonie, ont démontré que le charbon de Nondoué fait du très bon coke, ces expériences ont été corroborées par des essais faits au laboratoire de l'Ecole des Mines de Paris par M. Carnot.

M. Carnot a analysé des échantillons provenant de cinq couches reconnues au puits du groupe des Fougères, ces échantillons ont été prélevés par ordre du gouverneur, ils n'ont pas été choisis ni triés, on a mélangé le tout, et l'analyse de l'Ecole des Mines a donné les résultats suivants :

Eau	1 »	
Matières volatiles	15 00	
Carbone fixe	66 40	(1897).
Cendres argileuses	17 60	

NOTA. — Coke bien aggloméré, très dur, non boursouflé.

Vallée de la Dumbéa

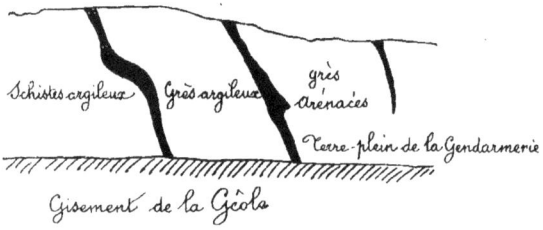

Schistes argileux — Grès argileux — grès arénacés

Terre-plein de la Gendarmerie

Gisement de la Géole

Gisement de l'Angèle

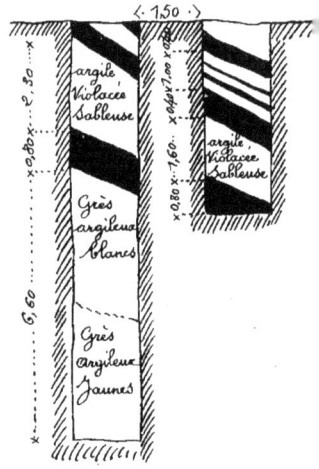

argile Violacée Sableuse

Grès argileux blancs

Grès argileux Jaunes

argile Violacée Sableuse

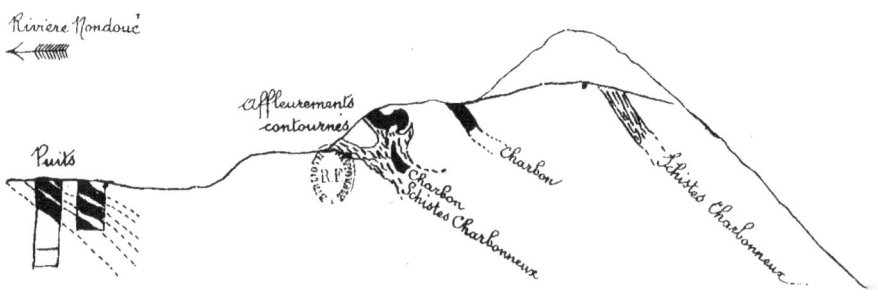

Rivière Nondouë

Puits

affleurements contournés

Charbon Schistes Charbonneux

Charbon

Schistes Charbonneux

R F

Gisement de l'. Angèle

Conditions actuelles.

Voilà donc du moins dans ses grandes lignes, l'historique du charbon Calédonien depuis 1846, jusqu'à aujourd'hui. Il nous reste à voir d'un peu plus près ce qu'est ce charbon et à les comparer avec ceux de Newcastle et de Woolongong, universellement employés en Océanie, les premiers passent à bon droit pour être de qualité supérieure et les analyses qui ont été faites des charbons Calédoniens, ainsi que les essais pratiques, ont tous démontré avec évidence que nos charbons étaient meilleurs encore que le Newcastle, quoique les échantillons aient été prélevés à la surface du sol.

Ces analyses ont été pratiquées par MM. Pelatan, ancien directeur du *Nickel*, Porte, chimiste distingué du service marine, E. Carnot, directeur du bureau d'essai de l'Ecole Nationale supérieure des mines, et les chimistes australiens, Ch. Watt, Will, A. Dixon, qui ont été obligés eux-mêmes de reconnaître la supériorité de nos charbons sur les leurs.

Enfin, j'en ai en réserve plusieurs caisses qui pourront servir d'examen comparatif.

TABLEAU D'ANALYSES DE CHARBONS

provenant du Bassin de Nouméa

PROVENANCE DES CHARBONS ANALYSÉS		MATIÈRES VOLATILES	CARBONE FIXE	CENDRES	POUVOIR CALORIFIQUE	OBSERVATIONS
					Calories.	
	1 Mont-d'Or (Bulli). . . .	32.00	62.20	5.30	6159	Cendres ferrugineuses Soufre 0.50.
Région	2 id. id.	17.00	73.00	10.00	»	id.
du	3 id. id.	8.50	78.50	13.00	»	id.
Mont-	4 Saint-Louis (15°)	6.25	82.75	21.00	7199	Cendres argileuses.
d'Or	5 id. id.	8.75	80.00	11.25	»	id.
	6 id. id.	9.70	78.00	12.30	»	id.
	7 Portes-de-Fer (S¹ᵉ-Cécile)	21.00	70.40	8.60	»	Cendres ferrugineuses et siliceuses. Soufre0.05.
	8 id. id.	14.30	65.70	20.00	»	id.
Région	9 id. id.	22.30	71.70	6.00	»	id.
	10 id. id.	17.50	75.80	6.70	7049	Cendres argileuses.
de	11 id. id.	18.00	72.75	9.25	6736	id.
	12 id. id.	17.50	77.00	5.50	»	Cendres ferrugineuses.
	13 id. id.	16.80	57.20	26.00	»	Cendres argileuses.
Nouméa	14 Tonghoué (Bruyères) . .	4.80	87.50	7.60	»	id.
	15 id. id. . .	8.25	77.50	14.25	6859	Cendres ferrugineuses.
	16 id. id. . .	7.00	71.20	21.80	»	Cendres argileuses.
Région	17 Koé (Corigou)	5.00	82.00	13.00	»	Cendres argileuses.
de la	18 id. id.	7.25	77.50	15.25	»	Cendres ferrugineuses.
Dumbéa	19 Koutio-Kouéta (Brigitte)	6.75	80.00	13.25	»	Cendres argileuses.
Région	20 Païta (Plaine des Cailloux)	12.00	74.25	13.75	»	Cendres ferrugineuses.
de Païta	21 St-Vincent (Guerrière) .	32.00	54.00	14.00	»	Cendres argileuses.

TABLEAU D'ANALYSES DE CHARBONS

provenant du Bassin de Moindou

PROVENANCE DES CHARBONS ANALYSÉS		MATIÈRES VOLATILES	CARBONE FIXE	CENDRES	POUVOIR CALORIFIQUE	OBSERVATIONS.
					Calories.	
Région de Moindou	1 Moindou (Loyalty) . . .	36.00	62.60	1.40	»	Cendres ferrugineuses.
	2 id. id. . . .	37.05	61.73	1.22	»	Cendres argileuses.
	3 id. id. . . .	22.67	74.80	2.00	»	Cendres argileuses. Soufre 0.52.
	4 id. id. . . .	26.00	74.23	1.77	6842	Cendres ferrugineuses.
	5 id. id. . . .	6.50	86.50	7.00	7037	Cendres argileuses.
	6 id. id. . . .	6.50	80.50	13.00	»	id.
	7 id. (Bechtel) . . .	5.80	85.70	8.50	»	Cendres ferrugineuses.
	8 id. (Loyalty) . . .	20.50	72.00	7.50	»	id.
	9 id. (Huyard) . . .	33.50	49.00	17.50	»	Cendres argileuses.
Région de La Foa	10 Camp d'Aoua	32.50	50.50	17.00	»	Cendres argileuses.
	11 Oua Poquereux (Rousseau)	25.00	63.00	12.00	»	Cendres ferrugineuses.
	12 id. id.	27.00	64.00	9.00	»	id.
	13 id. id.	38.25	54.50	7.25	»	Cendres argileuses.
	14 id. id.	28.50	62.00	5.50	»	Cendres ferrugineuses.
	15 La Foa	10.00	68.00	22.00	»	Cendres schisteuses.

Quoique ces documents puissent se passer de commentaires, je ne puis m'empêcher de reporter l'opinion de M. Pelatan. Voici ce qu'il écrivait en 1892, en parlant de l'ensemble du bassin houiller de Nouméa :

Voici ce qu'il pense de la nature et valeur industrielle des charbons néo-calédoniens :

« Les charbons de la Nouvelle-Calédonie sont très variés à la
« fois comme aspect et comme composition. Tantôt, relativement
« riches en matières volatiles, ils sont franchement noirs, tachent
« les doigts et présentent seulement des clivages confus ; d'autres
« fois au contraire, plutôt maigres, ils sont d'un noir moins tranché
« avec des clivages lustrés assez nets ; très souvent encore, tout à
« fait anthraciteux, ils ont un éclat particulièrement brillant et une
« cassure conchoïdale nuancée d'irisations caractéristiques. »

« Les uns et les autres sont, il est vrai, le plus ordinairement
« friables, mais cela parait tenir surtout à ce que, jusqu'à présent,
« on n'a guère pu se procurer que des échantillons provenant d'af-
« fleurements ayant subi déjà l'action altérante des agents atmos-
« phériques. »

« ... En aucun point de la colonie on n'a signalé de bassin ou
« lambeau houiller ne fournissant qu'une seule et même variété de
« charbon. »

« En résumé, le bassin houiller de Nouméa présente, dans la
« presque totalité de son étendue, des couches de charbon intéres-
« santes, mais, jusqu'à présent les faisceaux houillers les plus remar-
« quables sont incontestablement ceux qui ont été découverts, l'un
« tout au sud du bassin dans la concession Bulli, l'autre vers le
« Nord, sur la rive droite de la rivière Dumbéa dans la concession
« Conseil de Guerre.

« Ce dernier surtout semble devoir être d'une importance ex-
« ceptionnelle et mérite de fixer l'attention, tant par le nombre et
« la puissance utile des veines qui le constituent que par la régu-
« larité relative de la statification de celle-ci. »

Ces gisements constituent le bassin de la Nondoué qui est au-jourd'hui notre propriété.

Bassin de Moindou

Tranchée
(vue de face)

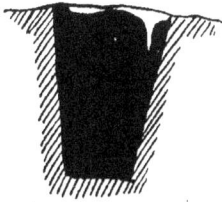

er

Tranchée
(Coupe)

Coté 43

grès

Coté 19

12

7m

18m

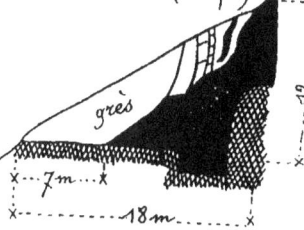

Couche Loyalty

e végétale

Terre Végétale

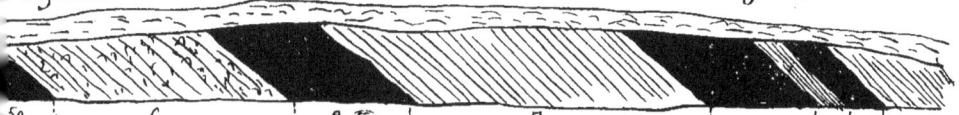

50   6m   2,50   7m   2 m   50 0,60
Grès argileux   S R F   Schistes argileux

Groupe Heurteau

Puis il conclut ainsi :

« En résumé, malgré une certaine friabilité qu'on peut, ainsi que
« je l'ai déjà dit, espérer voir s'atténuer en profondeur, les char-
« bons néo-calédoniens, ceux du moins qui proviennent des deux
« bassins de Nouméa et de Moindou, paraissent tant par leur com-
« position que par leurs propriétés physiques, avoir une réelle
« valeur.

« Cela découle, non seulement d'analyses très intéressantes as-
« surément, bien que somme toute elles ne soient que les résultats
« d'opérations de laboratoire effectuées sur des échantillons plus
« ou moins triés sur le volet, mais encore, et c'est là ce qu'il y a de
« plus probant, d'essais pratiques faits sur une grande échelle et
« presque toujours avec succès par nombre de caboteurs, par des
« paquebots des Messageries Maritimes, et même, ceci est à noter,
« par des vaisseaux de guerre de la marine nationale détachés à la
« station navale de l'océan Pacifique. »

« Ces essais ont établi, à n'en pouvoir douter, que les charbons
« de la Nouvelle-Calédonie, lorsqu'ils sont choisis avec discerne-
« ment, sont dans tous les cas, applicables au chauffage des chau-
« dières marines. »

« J'ai signalé ce fait que les forges locales font journellement
« usage des charbons du pays. C'est encore là une preuve de la
« possibilité d'employer utilement des combustibles qui, capables
« de fournir la température nécessaire au ramollissement et à la
« soudure du fer, peuvent très bien être adaptés à une foule d'autres
« emplois métallurgiques. »

« Les charbons calédoniens, cela paraît acquis dès maintenant,
« sont utilisables tant pour les besoins particuliers de la naviga-
« tion à vapeur que pour ceux de l'industrie en général.

« Il est infiniment probable que certaines régions tout au moins
« de ces bassins sont susceptibles de fournir du charbon en abon-
« dance et cela sans difficultés spéciales.

« En effet, il est bien difficile de supposer qu'il n'existe pas de
« quartiers exploitables dans toute l'étendue d'une formation houil-
« lère dont les divers lambeaux recouvrent ensemble plus de
« 1,200 kilomètres carrés de superficie, et où affleurent des couches
« mesurant jusqu'à 6 mètres de puissance.

5

« J'irai même, dans cet ordre d'idées, s'il est permis de faire
« fonds sur l'apparence des terrains et sur l'allure générale de la
« stratification et des affleurements connus, que des faisceaux régu-
« lièrement exploitables se développent presque certainement sous
« les vallées de la Coulée, de la Dumbéa et de Païta, dans le bassin
« de Nouméa, ainsi que sous les vallées de Moindou et de la Foa,
« dans le bassin de Moindou.

« Au point de vue économique, poser la question c'est la ré-
« soudre (surtout si, au lieu de considérer uniquement le présent,
« on tient compte de ce que peut être l'avenir d'un pays renfermant
« des richesses minérales de toutes sortes), et il faut bien recon-
« naître, à cet égard, que l'on trouve rarement réunies des condi-
« tions aussi favorables au développement d'exploitations houillères
« que celles qui existent en Nouvelle-Calédonie.

« Les charbonnages néo-calédoniens qui viendraient à être
« créés en des points reconnus comme techniquement exploitables
« de la formation houillère seraient absolument assurés d'avoir tou-
« jours une forte marge de bénéfices et réaliseraient de brillantes
« affaires. »

« Ainsi donc, il n'est pas discutable qu'au point de vue stric-
« tement économique, l'exploitation des gisements houillers de la
« Nouvelle-Calédonie, constituerait une excellente opération.

« En résumé : bassins carbonifères étendus, affleurements
« nombreux, combustibles de bonne qualité, conditions d'exploi-
« tation économiquement possibles, tout concourt pour faire au-
« gurer favorablement de l'avenir des charbons néo-calédoniens. »

« Il est à souhaiter que des résultats définitifs soient obtenus
« au plus vite. Les conséquences en seraient merveilleuses pour le
« développement industriel et commercial de la colonie. »

Depuis 1892, les travaux accomplis et les découvertes nouvelles
ont donné raison à M. Pelatan, et il est grandement temps que les
richesses houillères de la Calédonie soient mises en valeur, puisqu'on peut compter sur une consommation minima de 100,000 tonnes, par le chemin de fer, la flotte, la marine marchande et l'industrie. Cette consommation ira constamment en augmentant car,
ayant du charbon, pourquoi ne mettrait-on pas en exploitation les
gîtes ferrugineux du Sud, ceux de la Plaine-des-Lacs et de Port-

Boisé, gisements qui sont considérés comme inépuisables, composés de minerai très riche, atteignant 50 à 55 0/0 de fer, avec 3 0/0 de chrôme.

Pourquoi aussi, avec la crise qui sévit actuellement sur les charbons européens et que les menaces continuelles de grèves générales ou partielles ne sont pas près d'améliorer, n'apporterions-nous pas à la Mère-Patrie le surplus du charbon qu'elle est obligée de demander et d'acheter très cher à l'étranger.

La prime à la navigation nous le permettrait facilement, puisqu'il est prouvé qu'un voilier de 3,700 tonnes, triple en 7 ans son capital, et que, par exemple, un navire de 1,124 tonnes de jauge nette, ou 1,348 tonnes de jauge brute, rapporte à son armateur la bagatelle de 80,000 fr. nets, par le seul fait d'avoir accompli le tour du monde quand bien même il n'aurait pas pris à son bord une seule tonne de fret.

Dans tous les cas, il est impossible de prévoir où s'arrêtera la consommation de la houille et il arrivera certainement un moment où les moindres filons dédaignés et calomniés aujourd'hui, atteindront une valeur énorme.

Après ce qui précède, on peut se demander pourquoi ces charbons et surtout cette vallée de Nondoué n'est pas encore exploitée.

Nous répondrons encore à cela par un document :

Si on n'a pas encore tiré parti de ces mines, c'est parce que le gouverneur actuel, M. P. Feillet, après avoir vu les gîtes cuprifères et une partie des réserves nikellifères de la Calédonie, entre les mains des Sociétés anglaises, n'a pas voulu que ces richesses tombent entre des mains étrangères, et, c'est par pur patriotisme, que M. Caulry n'a pas cédé aux capitaux anglais.

En effet, voici la reproduction textuelle d'une lettre adressée par le gouverneur à M. Caulry :

NOUVELLE - CALÉDONIE   Nouméa, le 21 Février 1896

ET

DÉPENDANCES
—   *Monsieur CAULRY, Ingénieur,*

Cabinet du Gouverneur
—

N° 90.
—   MONSIEUR,

J'ai l'honneur de vous accuser réception de votre lettre en date du 18 février, par laquelle vous exprimez vos regrets de me voir rappeler les condamnés employés aux recherches houillères de la Nondoué.

Ces regrets, je les partage, mais je n'ai qu'à m'incliner devant un ordre dont la précision ne me permet plus aucun délai.

Je me propose de rendre compte au ministre des colonies et de l'exécution de l'ordre que j'ai reçu et de la situation qui en résulte.

Malgré tout, je conserve l'espoir que nous n'aurons pas à abandonner ou à laisser tomber entre des mains étrangères, une entreprise que nous avions tentée pour le bien de ce pays et dans l'intérêt de la France elle-même.

Au moment où je me vois dans l'obligation de vous retirer le concours de l'Administration pénitentiaire et de vous laisser, pour quelque temps au moins, travailler seul, je me permets, Monsieur, de faire un nouvel appel à vos sentiments de patriotisme, de vous demander encore un effort, de vous prier de consacrer toute votre énergie à la continuation de l'œuvre entreprise. Je sais que vos ressources sont insuffisantes et que vous avez fait de réels sacrifices; mais il serait déplorable qu'à l'heure même où vous pensiez toucher au succès, vous ne puissiez trouver dans la colonie, parmi vos compatriotes qui ont apprécié l'utilité de vos efforts, l'appui matériel dont vous avez besoin.

Puisque vous croyez m'avoir quelque obligation, je compte que vous saurez, en retour, me donner la preuve que vous avez attendu jusqu'à la dernière extrémité et que vous avez usé de toutes les ressources qui peuvent être mises à votre disposition dans le pays même, avant de céder aux capitaux anglais, l'exploitation des mines de la Nondoué.

Agréez, Monsieur, les assurances de ma considération la plus distinguée.

Signé : FEILLET.

Je n'ai pas hésité dans ces conditions, à me rendre acquéreur au nom de notre Comité, des mines de Nondoué, considérant que l'apport de ces mines à une Société d'exploitation constituerait un appoint sérieux qui serait à lui seul une affaire exceptionnellement avantageuse pour la Société.

En effet :

Les mines de Nondoué ont sur tous les autres gisements, l'énorme avantage d'avoir été seuls, très sérieusement explorés. Pendant de longues années ces mines ont servi de champ d'études aux spécialistes pour arriver à déterminer par celui-là l'allure générale et la direction de autres gisements.

C'est dans la vallée de Nondoué que tour à tour, les Heurteau, les Pelaton, les Porte, les Jeantet, les Caulry, etc., ces sommités du génie minier, qui font autorité en la matière, ont mis à jour une épaisseur de 20 m. 50 de houille absolument pure, se continuant en profondeur.

C'est aux mines de la Nondoué que l'effort principal a porté pendant le peu de temps que la main-d'œuvre pénale a été mise à la disposition des novateurs. Là seulement, il y a eu un commencement d'exploitation, on y a creusé des galeries et formé des puits qui ont permis d'extraire 200 tonnes de houille en un mois et demi, avec une seule équipe.

En un mois de travail et une dépense de 4 à 5,000 francs on peut remettre les choses au point où elles étaient au moment de l'exploitation.

Les puits ne sont pas éboulés, les galeries ne sont pas effondrées, les bâtiments sont prêts à recevoir les travailleurs ; peu de temps après le commencement des travaux, on aura l'immense avantage de produire. Les mines de la Calédonie en général et celles de Nondoué en particulier, ont l'avantage de jouir d'une situation tout à fait privilégiée par suite de la grande quantité de torrents et de rivières qui descendent de la Chaîne Centrale en cascades et en chutes qui permettront à peu de frais l'installation de stations d'air comprimé et d'électricité qui actionneront les treuils, ventilateurs, perforateurs, traînages, la traction des convois et les pompes, les ateliers de criblage, de lavage, d'agglomération, de menuiserie et de charpente, les forges, etc., etc.

Ces stations seront bien moins coûteuses que des installations à la vapeur et permettront de répartir à profusion la lumière électrique dans toutes les installations présentes et à venir, sans brûler un seul kilogramme de charbon, ce qui permettra de vendre la production toute entière.

Ces installations ne sont à envisager que pour l'avenir, au moment où il faudra assurer une production tout à fait intense, car, pour le moment, on peut subvenir aux besoins actuels par une installation sommaire adaptée aux travaux exécutés et qui suffira pour fournir à la Colonie les 25 ou 30,000 tonnes de charbon qui lui seront nécessaires dans l'année de début.

Il faudra cependant envisager une production croissante assez rapide, car, dès la troisième année, selon les prévisions même les plus pessimistes, la consommation annuelle sera d'au moins 100,000 tonnes.

Pour juger du développement que peut prendre une affaire de ce genre, il suffit de regarder autour de soi et de prendre, au hasard. Les mines de Champagnac, par exemple, dont l'exploitation n'occupe que 25 hectares de superficie, produisent annuellement 120,000 tonnes de charbon donnant un bénéfice de 1,500,000 francs, avec un capital social de 2,200,000 francs.

Celles de Vendes, produisent un résultat analogue.

Celles de Messeix, qui produisent 42,000 tonnes, donnent un bénéfice moyen de 500,000 francs pour un capital de 1,200,000 fr.

Nondoué n'est pas une affaire d'études, pas plus que de recherches ; c'est une mine existante, concédée, étant notre propriété, et où, après études très complètes, les couches ont été reconnues et recoupées.

Ces mines ont été exploitées, et cette exploitation ne fut arrêtée, comme nous l'avons vu plus haut que parce que la main-d'œuvre pénale a été brusquement retirée et que les promoteurs ne disposaient pas de fonds suffisants pour continuer les travaux.

Le but de notre Société doit être d'en faire une exploitation sérieuse et rapide, en rapport avec l'importance du gisement, qui est très riche.

Pour donner à cette exploitation toute l'importance qui lui convient, il est nécessaire que la Société se forme au capital de 2.500,000 francs, quoique, dans les premières années tout au moins, cette exploitation pourrait fonctionner d'une façon satisfaisante avec un capital de 6 à 700,000 francs, tout en donnant un résultat appréciable dès la première année.

Copie de l'Analyse du Charbon de Nondoué.

ÉCOLE NATIONALE
SUPÉRIEURE
DES MINES

Laboratoires.

N° 13054.

Extrait des Registres du Bureau d'Essai pour les Substances minérales.

Paris, le 28 Décembre 1895.

Houille anthraciteuse du bassin de Nondoué (Nouvelle-Calédonie), adressée par M. le Chef de service des renseignements commerciaux et de la colonisation au Ministère des Colonies.

Cet échantillon est envoyé par M. le Gouverneur Feillet :

Eau............................	1 00
Matières volatiles......	15 00
Carbone fixe...........	66 40
Cendres argileuses......	17 60
	100 00

Coke bien aggloméré, très dur, non boursouflé.

Le Chimiste,

Signé : Léon RIOULT.

L'Inspecteur général des Mines,
Directeur du Bureau d'essai,

Signé : A. CARNOT.

Pour copie conforme :

Le Secrétaire - Archiviste,
Signé : Charles RAYMON.

Plan horizontal

Echelle $\dfrac{1}{1000}$

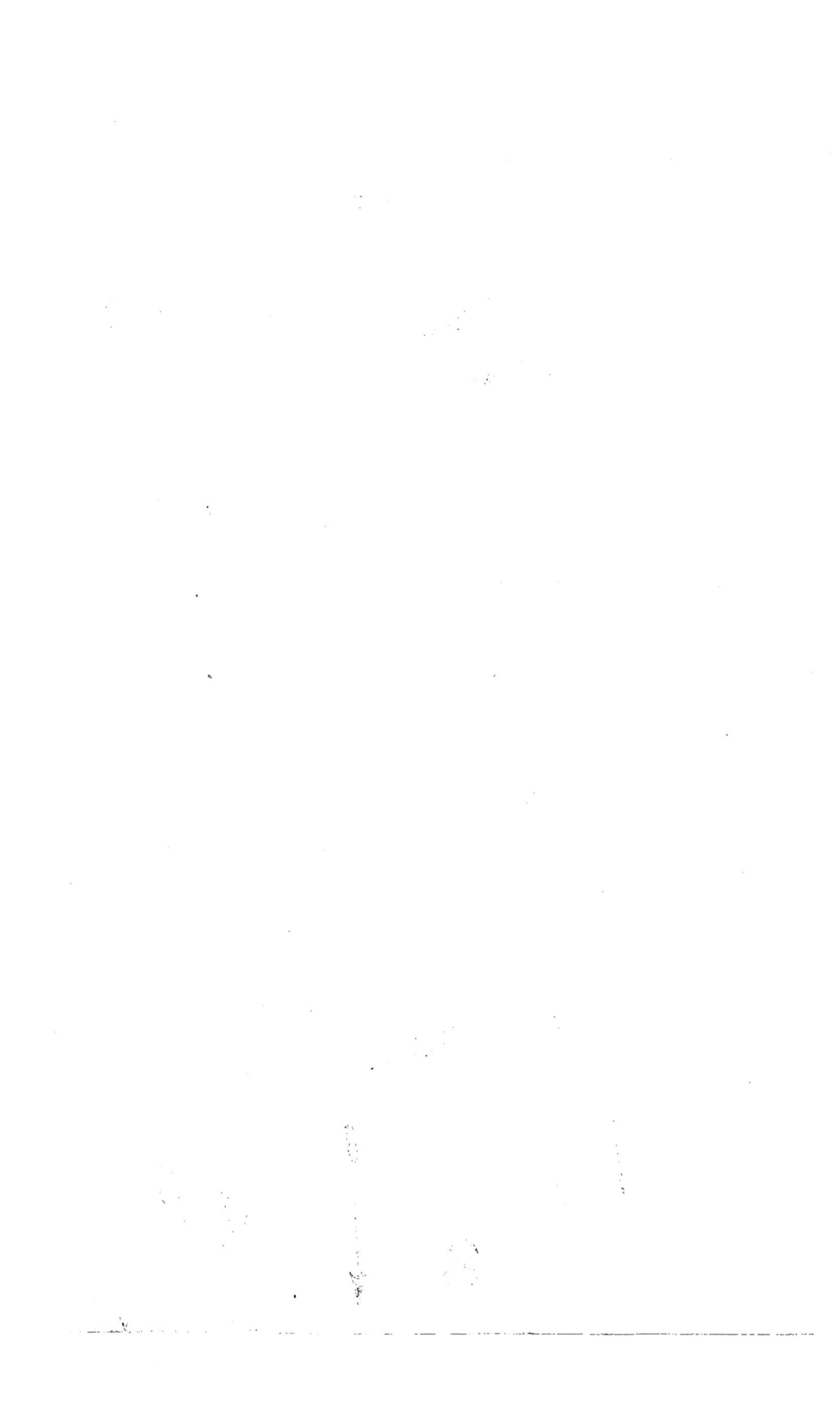

Partie Méridionale du Bassin de Moindou

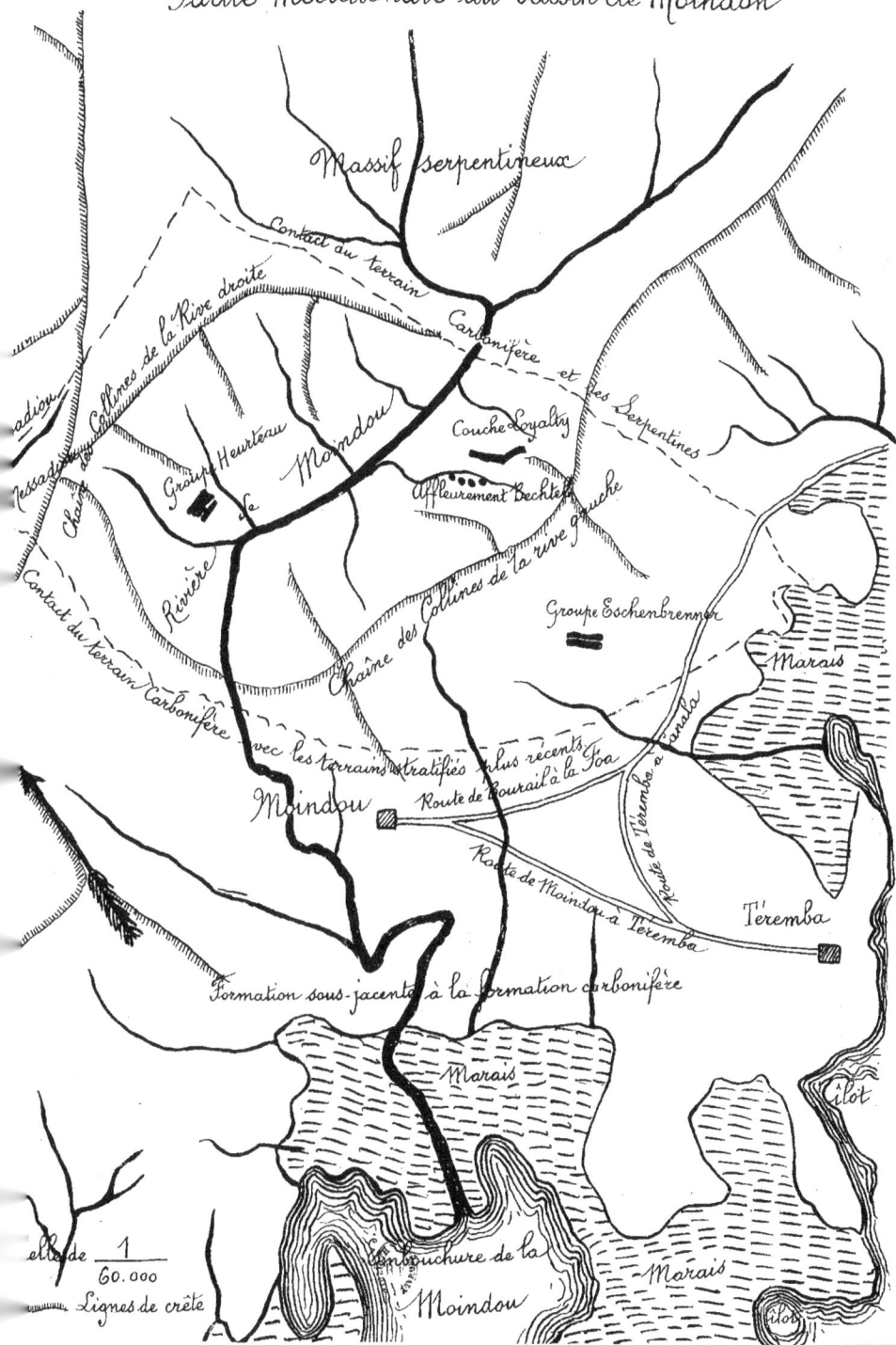

Massif serpentineux

Contact du terrain Carbonifère et des Serpentines

Collines de la Rive droite

Groupe Heurteau

Rivière de Moindou

Couche Loyalty

Affleurement Bechtel

Chaîne des Collines de la rive gauche

Groupe Eschenbrenner

Marais

Contact du terrain Carbonifère avec les terrains stratifiés plus récents

Moindou

Route de Bourail à la Foa

Route de Téremba à Fanda

Route de Moindou à Téremba

Téremba

Formation sous-jacente à la formation carbonifère

Marais

Ilot

Embouchure de la Moindou

Marais

Ilot

Échelle de $\frac{1}{60.000}$

Lignes de crête

Le capital de 2,500,000 francs, se décomposera ainsi :

Apports de la Société d'études :

Frais de recherches et d'études....................	50.000 fr.
Mines de Nondoué, bâtiments, etc..................	650.000
50,000 hectares de terrain houiller à 10 fr........	500.000
Total des apports.........	1.200.000 fr.

Frais de premier établissement :

Introduction du personnel dirigeant et de 10 mineurs	40.000	
Constructions nouvelles	50.000	
Matériel	200.000	
	290.000	290.000 fr.

Frais d'exploitation :

Traitement du personnel dirigeant.	90.500	
Service médical	5.000	
Extraction de 30,000 tonnes à 5 fr.	150.000	
Transport de la mine de 30,000 tonnes à 0 fr. 50............................	15.000	
Chargement de 30,000 tonnes à 0 fr. 50	15.000	
Transport de la mine à Nouméa, de 30,000 tonnes à 2 fr....................	60.000	
Redevances à la Colonie	20.000	
	355.500	355.500 fr.
Fonds de roulement		354.000 fr.
Total..............		2.200.000 fr.

Sur ces 2,200,000 francs, nous n'aurons besoin que de :

1° Frais d'études.....................	50.000 fr.
2° Frais de premier établissement..	290.000
3° Fonds de roulement.........	354.500
	694.500 fr.

A la fin de la première année, l'inventaire se présentera ainsi dans ses grandes lignes :

Vente de 30,000 tonnes de houille à 35 fr......... 1.050.000 fr.

Matériel et constructions............................. 200.000

Total............ 1.250.000 fr.

Pour lesquels nous aurons dépensé :

Frais d'exploitation................... 355.500

Intérêts de 2,200,000 francs à 5 %. 110.000

465.500   465.500 fr.

Soit un excédent de recettes... 784.500 fr

Donc, à la fin de la première année, non seulement le capital versé sera complètement récupéré, mais il restera encore 90,000 fr. de supplément.

Somme toute, nous apportons aujourd'hui à la Société d'exploitation :

1° Les 1,200 hectares des mines de la Nondoué, dont l'exploitation peut commencer de suite ;

2° Pour assurer qu'à l'avenir aucune autre Société houillère ne puisse venir s'établir en Nouvelle-Calédonie, pour créer un monopole, en un mot, nous nous sommes rendus acquéreurs de 50,000 hectares de terrain houiller, prélevés et choisis dans les trois bassins, aux endroits reconnus les plus riches en combustibles minéraux et traversés par le chemin de fer ;

3° L'appui moral du Gouverneur, qui m'a fait l'honneur de m'assurer une fois de plus, lors de mon dernier départ, de son appui et de ses sympathies : « Je vous soutiendrai, vous et vos « collaborateurs dans l'œuvre que vous avez entreprise, m'a-t-il « dit, et au succès de laquelle je vous aiderai par tous les moyens « en mon pouvoir. »

4° Nous apportons aussi le concours précieux de M. l'Ingénieur Caulry, qui s'est formellement engagé à aider notre Société de ses conseils et de son influence. Rappelons que M. Caulry est président du Conseil général, la seule Assemblée élue de la colonie, et qu'il est aussi président du Comité consultatif des mines.

La meilleure garantie que nous puissions apporter, c'est que nous ne demandons pas de numéraire pour nos apports, mais simplement des actions, certains que nous sommes à l'avance que ces actions atteindront rapidement un cours très élevé.

Enfin, la meilleure garantie que je puisse offrir personnellement, c'est de revendiquer dès aujourd'hui la tâche d'organiser, sur place, les installations que nous déciderons d'entreprendre et de donner à la partie commerciale l'impulsion qu'elle doit avoir pour assurer les intérêts de tous.

CHARLES JACQUES.

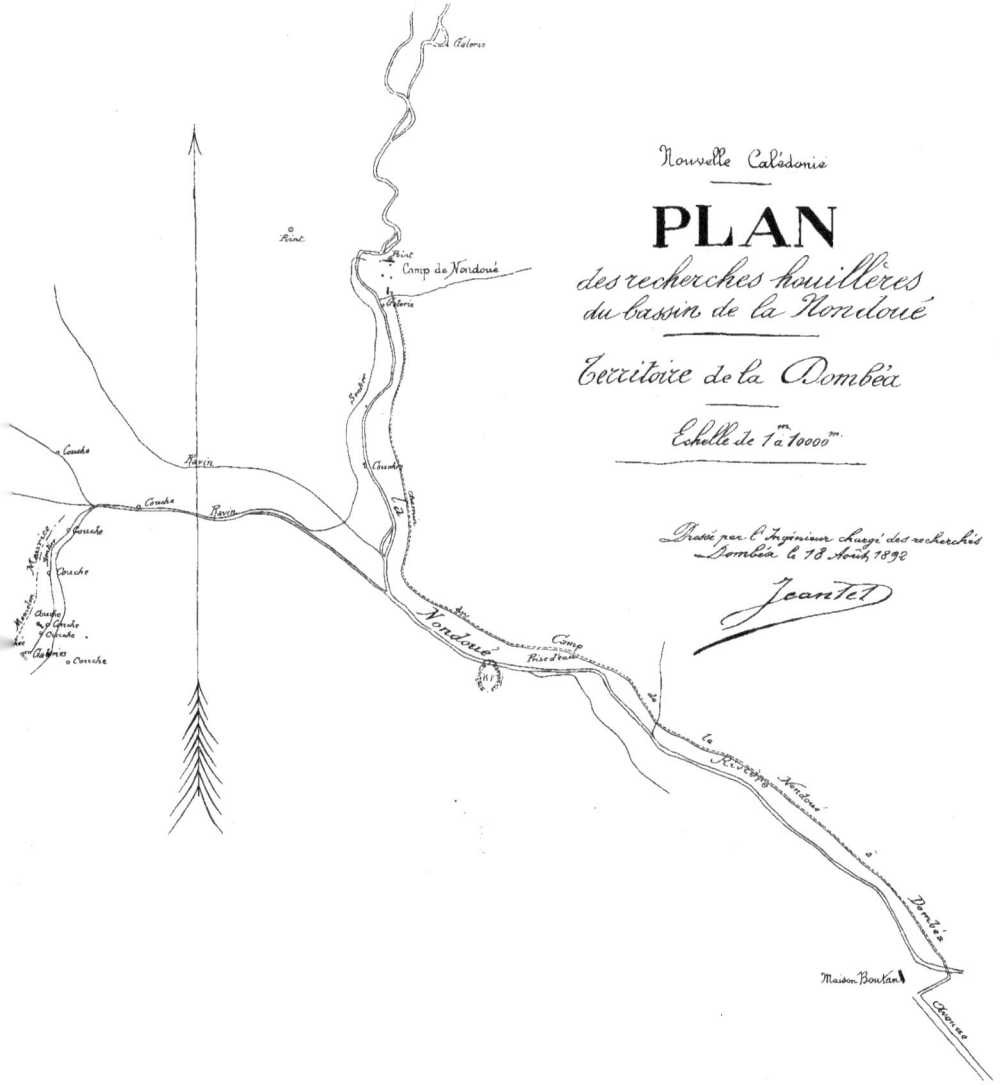

Nouvelle Calédonie

PLAN

des recherches houillères
du bassin de la Nondoué

Territoire de la Dombéa

Echelle de 1 à 10000ᵐ

Tracé par l'Ingénieur chargé des recherches
Dombéa le 18 Août 1892

Jeantet

La Coloric

Point

Point
Camp de Nondoué

Coloric

Ravin

Couche
Couche
Couche

Ravin

Couche

Couche

Couche

Couche

Couche

Couche

Nondoué

Camp
Prise d'eau

La Rivière Nondoué

Dombéa

Maison Boutan

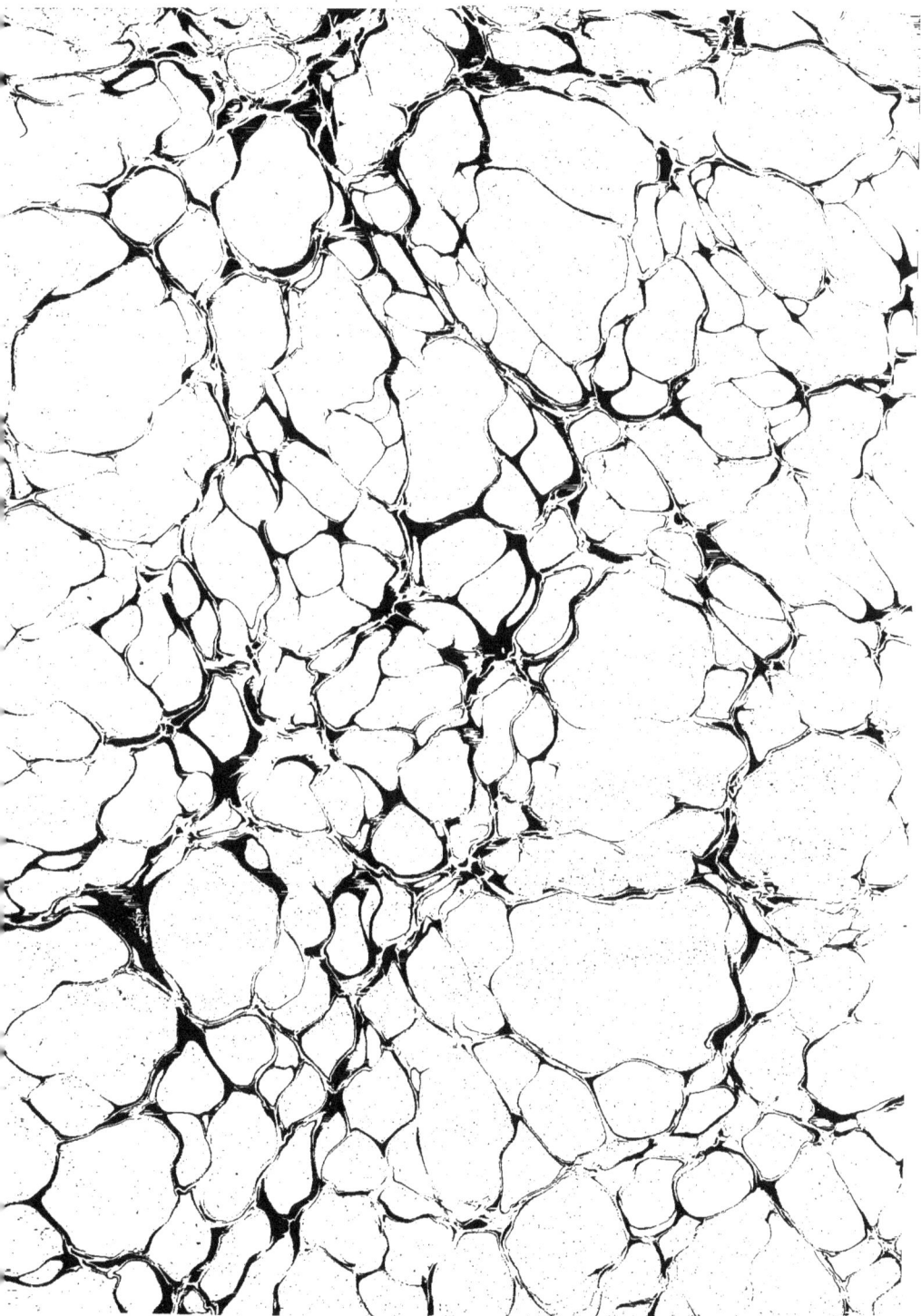

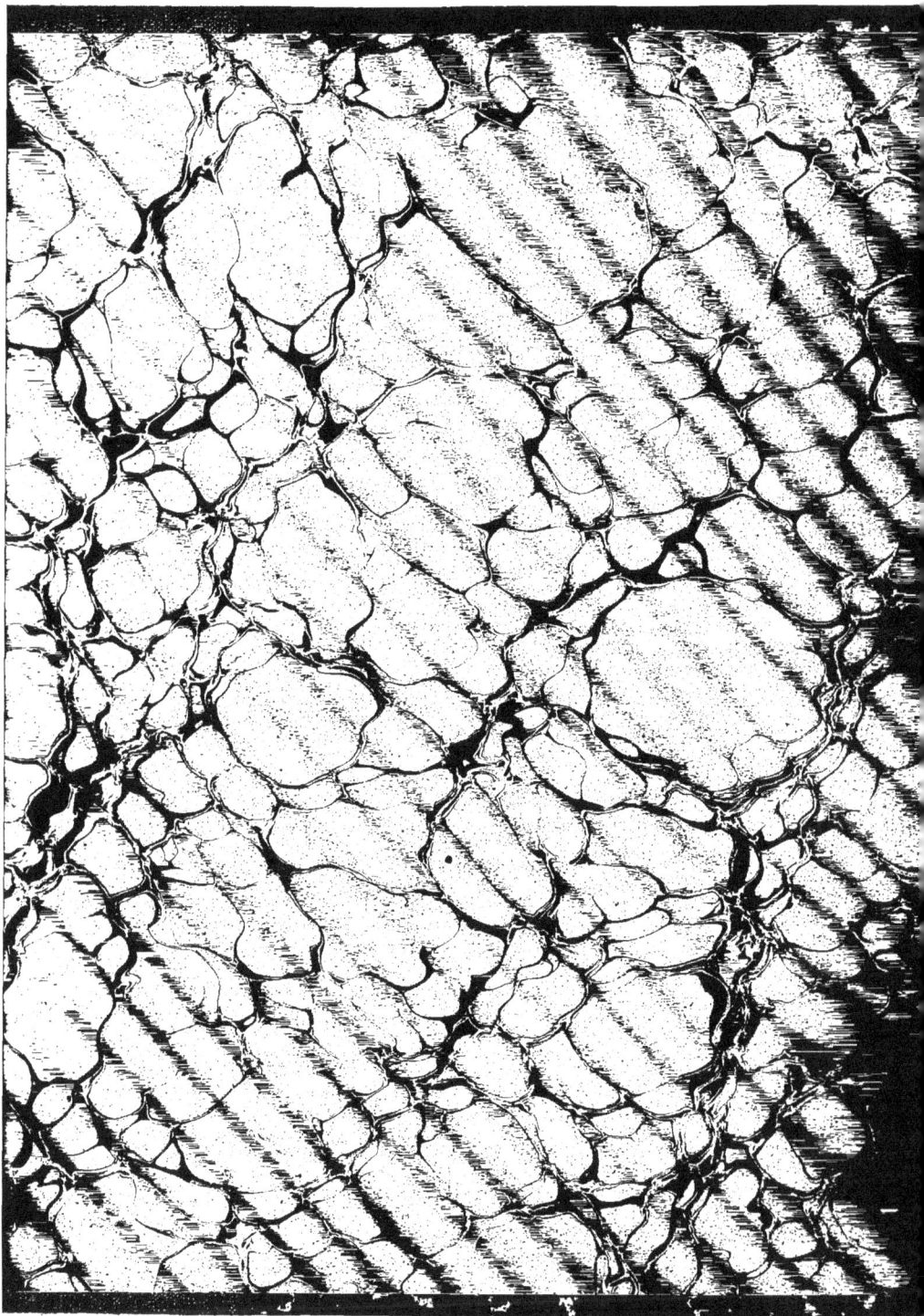